W0195599

B

Thorsten Schulte
Marcus Pradel

Guerilla Marketing für Unternehmertypen

Auf Abwegen zum Erfolg

2., überarb. u. erw. Auflage

Verlag Wissenschaft & Praxis

Bibliografische Information der Deutschen Bibliothek

Die Deutsche Bibliothek verzeichnet diese Publikation in der Deutschen Nationalbibliografie; detaillierte bibliografische Daten sind im Internet über http://dnb.ddb.de abrufbar.

ISBN 3-89673-264-1

D-75447 Sternenfels, Nußbaumweg 6
Tel. 07045/930093 Fax 07045/930094

Printed in Germany

Man sollte die Welt so nehmen wie sie ist…

… aber nicht so lassen!

(Ignazio Silone)

Inhalt

1. Vorwort als Einführung
Möge die Macht mit dir sein! 9

2. Guerilla Marketing Definition
Große Wirkung mit kleinem Budget? 15

3. Guerilla Marketing Historie
Im Zeitraffer von Napoleon bis Levinson 19

4. Die Lehre des Guerilla Marketing
Theoretische Hintergründe 29

5. Guerilla Waffen Arsenal
Welche Waffen kommen zum Einsatz? 35

6. Ambient Media
Out of Home für junge Leute 39

7. Ambush Marketing
Spielwiese für Juristen und Werbepiraten 45

8. Viral & Buzz Marketing
Die Kunst des richtigen Anstoßes 51

9. Sensation Marketing
Einmalig aufregend 57

10. Guerilla Mobile und Business Blogs
Trends im Aufwind 65

11. Chat und Forum Attack
Schlachtfeld Online-Treffpunkt 71

12. Waffen außerhalb der Kommunikation
Preis, Produkt und Distribution 75

13. Guerilla Marketing für KMU´s
Noch mehr Idee statt Budget 81

14. Strategie im Fokus
Strategisches Marketing clever und smart 97

15. Guerilla Marketing Mix
Anwenderzielgruppen und Waffeneinsatz 111

16. Fehlschüsse im Guerilla Marketing
Vorsicht! Guerilla Marketing ist kein Allheilmittel. 117

17. Kunterbuntes aus der Praxis
Fallbeispiele mit Biss 123

18. Guerilla Marketing Portal
Der Treffpunkt für Fans im Netz 133

19. Guerilla Marketing Kongress
Szenetreffen und Inspiration 137

20. Zukunft Guerilla
Wohin geht die Reise? 141

Steckbrief der Autoren 145

Guerilla Marketing Wegweiser 147

Lesewiese 151
Nützliche Literaturhinweise und Webseiten

1. Vorwort als Einführung

Möge die Macht mit dir sein!

Bei der Erstauflage des Buches „Guerilla Marketing für Unternehmertypen" drängte sich die Frage auf, ob die Fachwelt eine weitere Spezialdisziplin des Marketing braucht und ob sich diese dauerhaft überhaupt etablieren wird.

Blickt man nun zurück, so ist diese Frage klar mit einem „Ja" zu beantworten. Die erste Auflage des Buches war binnen 18 Monaten komplett vergriffen. Mehr noch, das Autorenteam hat sich zum Guerilla Marketing nicht nur publizistisch betätigt, sondern das Thema auch im Rahmen der Guerilla Marketing Kongresse einem breiteren Publikum zugänglich gemacht. Aufgrund des großen Erfolges der Kongresse werden weitere Veranstaltungen folgen und obwohl es kaum zu glauben ist, gibt es immer viele Monate bevor der nächste Kongress beginnt bereits die ersten Anmeldungen. Wohl gemerkt, obwohl es zur Zeit der Anmeldung noch kein genaues Datum und auch kein Programm gibt! Schon etwas erstaunlich.

Zur Erfolgsgeschichte des Guerilla Marketing hat aber nicht nur die Erstauflage des Buches beigetragen. Es ist eher die synergetische Mixtur aus außergewöhnlichen Marketing- und Kommunikationsmaßnahmen, der Buchveröffentlichung, dem zeitgleichen Aufbau des Guerilla Marketing Portals, der Durchführung der Fachkongresse, der Publikation unzähliger Fachbeiträge, der Implementierung zahlreicher Seminare und Infoveranstaltungen, der Ideenvielfalt der Guerilla-Spezialagenturen, sowie nicht zuletzt einer kleinen aufkeimenden Guerilla Untergrund-Bewegung als lockerem Infonetzwerk.

Im Ergebnis kann man also festhalten, dass die Kraft des Guerilla Marketing – welche es intelligent zu entfesseln gilt – sicherlich nicht alleine in sich selbst zu finden ist, sondern in der synergetischen Nutzung verschiedener zum Einsatz kommender Marketing- und Kommunikationsinstrumente, die es zielführend aufeinander abzustimmen gilt.

Interessant hierbei sind auch die vielfältigen Diskussionen, die nicht nur im Rahmen der Guerilla Marketing Kongresse geführt wurden, sondern die in gleicher Art und Weise auch in den themenspezifischen Foren und auf dem Guerilla Marketing Portal geführt werden. Da gibt es die Hardliner, die sich gegenüber jedweder, wie auch immer gearteten Übertragung des ursprünglichen Guerilla Marketing Gedankens auf die klassischen Kommunikationsinstrument, wie zum Beispiel die Werbung verwehren. Und da gibt es die Pragmatiker, die nicht selten auf Seiten der Full Service Agenturen und der Unternehmen zu finden sind, die sich weniger mit den Grundideen des Guerilla Marketing auseinandersetzen wollen, sondern die sich lieber mit innovativen (Kommunikations-)Ideen beschäftigen, die dabei behilflich sein können, die klassischen Instrumente interessanter zu machen.

So gesehen ist Guerilla Marketing inzwischen vielmehr als nur ein unkontrollierter Aktionismus, wie es von manch einem Marketingstrategen gern gesehen wurde. Es eröffnet vielmehr den gedanklichen und kreativen Horizont für unkonventionelle und freche, aber eben genau hierdurch aufmerksamkeitsstarke Marketing- und Kommunikationsmaßnahmen.

Nur eines darf man bei all der Euphorie nicht vergessen: Die Einbindung der kreativen Einzelmaßnahmen in die Marketingstrategie des Unternehmens. Es gilt den ganzheitlichen Charakter dessen im Auge zu behalten, was mit den Einzelmaßnahmen am Markt erreicht werden soll. Und dies setzt eine langfristige Perspektive voraus. Dem marketingkundigen Leser wird dies wie ein Paradoxon vorkommen. Denn ist das Guerilla Marketing für sich selbst genommen nicht schon ein Paradoxon? „Eben dies ist Guerilla-Marketing, eine Art paradoxe Intervention. Oder anders gesagt, die überraschende Andersartigkeit, die dieses Konzept so erfolgreich macht", so stand es bereits im Vorwort der Erstauflage.

Ketzerisch könnte man sagen, dass das Guerilla Marketing seine Sturm und Drang Zeit hinter sich hat und dass es allmählich erwachsen wird. Es lassen sich inzwischen eine Vielzahl von Beispielen benennen, auf die auch in diesem Buch zu einem späteren Zeitpunkt noch eingegangen wird, wie Guerilla-Ideen auch in klassische Kommunikationskonzepte und in den Bereichen der Produkt-, Distributions- und Preispolitik aufgegriffen wurden.

So stellt die Sixt Autovermietung inzwischen ihre Autos nicht mehr einfach in die Empfangshallen von Flughäfen und Bahnhöfen, sondern sie hängen die Objekte der Begierde „einfach" an die Decke. Haben Sie Lust auf Cabrio fahren oder besser gesagt, haben sie Lust auf eine neue Frisur? Sixt hatte mit nur einer einzigen Anzeige das geschafft, was sich sicher jeder Mediaplaner wünscht. Die Frisur von Angela Merkel diente dabei als Anschauungsobjekt. Einmal vor und einmal nach der Cabriofahrt. Der einzigen Schaltung folgte natürlich prompt die Abmahnung und dennoch haben die Medien ausgiebig darüber berichtet. Der errechnete Gegenwert der Berichterstattungen, der durch die einmalige Anzeigenschaltung erreicht wurde, betrug dabei mehrere Millionen Euro.

Aber auch hier gilt, erst einmal in Ruhe zu überlegen:

Was kann ich mit welchen Kommunikationsmitteln erreichen?

- Wie wirkt sich mein Handeln langfristig aus? Es können natürlich auch Imageschäden entstehen!
- Auf welche Art und Weise lassen sich Guerilla Marketing Aktivitäten in eine ganzheitliche Marketingstrategie integrieren?
- Wie kann die kurzfristige Aufmerksamkeit der Aktionen in eine nachhaltige positive Wirkung überführt werden?
- Inwieweit lassen sich die Guerilla-getriebenen Marketing- und Kommunikationsaktivitäten in ihrem Erfolg messen?

Diese und andere Fragen sollten sie sich selber oder auch ihren Dienstleistern und Agenturen stellen, bevor sie der vermeintlichen „Geiz ist Geil-Mentalität" vieler Guerilla-Marketing-Ideen erliegen. Denn der Erfolg ist sicherlich nicht in der Kurzfristigkeit der Einzelmaßnahme zu finden. Dieser wirkt ansonsten eher wie ein Tropfen auf dem heißen Stein. Das intelligente Zusammenspiel einer guerillamäßig erzeugten Aufmerksamkeit in Verbindung mit transferierbaren und lang anhaltenden Kommunikationsbotschaften muss das Ziel sein. Was nützt der „Aha-Effekt", wenn man sich morgen zwar an die Aktion, nicht aber an das Produkt, den Markennamen oder das Unternehmen erinnern kann.

Die Macht wird mit Ihnen sein, schenkt man dem erfolgreichen Weltraumepos von Georg Lukas glauben. Übertragen auf die Thematik dieses Buches, könnte man bei dem ein oder anderen Beispiel schnell dieser Meinung sein. Denn die ursprünglich von einigen Hollywood-Studios für wenig Erfolg versprechend gehaltene Idee der beiden „Star Wars"-Trilogien, ist innerhalb der letzten 20 Jahre zu einem der erfolgreichsten Filmprojekte aller Zeiten avanciert.

Also, nur Mut und Durchhaltevermögen! Manchmal müssen Ideen eben durchgekämpft werden und wenn Sie sich teamorientiert ans Werk begeben, werden Sie schnell einige Mitstreiter finden. Es sei denn, bei Ihnen im Unternehmen wird Teamarbeit wie folgt definiert:

> *„Da waren vier Leute im Team mit den Namen Jedermann, Jemand, Irgendeine und Niemand. Eine wichtige Arbeit stand an. Jedermann wurde gebeten sie zu tun. Jedermann war jedoch sicher, dass jemand sie tun würde. Irgendeine hätte die Arbeit ausführen können, aber niemand hat es getan. Jemand wurde zornig darüber, denn Jedermann war gebeten worden. Niemand wollte wissen, dass Irgendeine zuständig war. Jedermann beschuldigte am Ende Jemand, als Niemand tat, was Irgendeine hätte tun können."*

Bilden Sie ein interdisziplinäres Team, aus Vertrieb, Marketing, Kundeservice, Entwicklung, Kunde und Dienstleister bzw. Agentur und entwickeln sie gemeinsam innovative Guerilla Marketing Ideen, die zur Gesamtstrategie des Unternehmens passen. Manchmal ist weniger eben mehr oder die intelligentere und mehrkanalig wirkende Zielgruppenansprache besser, als der kurzfristig wirkende Knaller.

Oft stellt sich uns und Ihnen vielleicht auch die Frage warum nicht jeder Guerilla Marketing macht, wenn es doch so effektiv scheint?

Nun, die Leute haben schlicht und einfach Angst vor Guerilla Marketing, Angst vor der Veränderung. Wenn etwas bemerkenswert ist, ist es ziemlich wahrscheinlich, dass manche Leute es nicht leiden können. Das gehört einfach zum Bemerkenswertsein dazu. Der Angst und der Veränderungen gehen die Leute aus dem Weg, möglichst nicht auffallen oder etwas ändern lautet oft die Devise. Das Dumme daran ist, dass uns damit auch der Erfolg versagt bleibt. Wenn wir nur die Wahl hätten, uns von der Masse abzuheben, indem wir bemerkenswert sind, oder uns der Kritik zu entziehen, indem wir langweilig sind und uns auf die sichere Seite stellen. Für was würden Sie sich entscheiden?

Sie können nicht vorhersagen, ob Guerilla Marketing den gewünschten Erfolg haben wird. Die größten Künstler, Bühnenautoren, Autodesigner, Komponisten, Werbedirektoren, Schriftsteller und Chefköche haben sich alle schon mal bis auf die Knochen blamiert. Sie haben aber daraus gelernt, dass nicht immer alles klappt, und sie haben gelernt, dass das völlig in Ordnung ist.

Zum Abschluss bedanken wir uns natürlich bei allen involvierten Personen und Unternehmen, für deren Mithilfe und Unterstützung bei diesem Buchprojekt.

Das Buch ist ein locker geschriebenes Werk mit reichhaltigen Ideenquellen für Guerilla Fans. Es gibt zahlreiche Anstöße zum Nachdenken mit vielen praktischen Beispielen. Kritik und Anregungen zum Buch sind ausdrücklich erwünscht. Die Autoren wünschen den Lesern des Buches auf jeden Fall viel Spaß bei der Lektüre!

Thorsten Schulte und Marcus Pradel

Lennestadt und Köln im Sommer 2005

2. Guerilla Marketing Definition

Große Wirkung mit kleinem Budget?

Unterhält man sich mit Marketingfachleuten über das Thema Guerilla Marketing, ist es sehr wahrscheinlich, dass fast jeder dieser Fachleute eine andere Vorstellung bzw. Definition von Guerilla Marketing hat. Sehr häufig werden die Begriffe kostengünstig, auffällige Werbung, unkonventioneller Kommunikationskanal und KMU fallen. Die Marketingexperten liegen nicht falsch. Doch diese Betrachtungsweise reicht nicht aus.

Um zu klären was Guerilla Marketing eigentlich bedeutet, ist es sinnvoll eine kurze historische Betrachtung mit einfließen zu lassen.

Der Grundgedanke des Guerilla Marketing bestand darin, eine Strategie zu entwickeln, die nicht auf Marktmacht, Unternehmensgröße und Kapital beruht, sondern auf Einfallsreichtum, Unkonventionalität und Flexibilität. So entstand zu Zeiten des Wandels vom Verkäufer- zum Käufermarkt um das Jahr 1965 der Begriff Guerilla Marketing. Zu dieser Zeit wurde die Guerilla Taktik sowohl von kleinen und mittelständischen, aber auch von Großunternehmen angewandt.

Viele Jahre verbrachte Guerilla Marketing danach im Hintergrund und wurde erst wieder durch Jay Conrad Levinson in den 80er Jahren in den Vordergrund gerückt. Ab diesem Zeitpunkt wurde Guerilla Marketing als eine Strategie oder Methode verstanden, die hauptsächlich von kleinen und mittelständischen Unternehmen gegen überlegene Großunternehmen angewandt wurde. Guerilla Marketing zielte darauf ab, mit geringem Budget Marketingaktionen durchzuführen und eine große Wirkung bzw. maximale Aufmerksamkeit zu erzielen. Oder anders formuliert: Wie ein Guerilla Kämpfer die übermächtigen Großunternehmen mit überraschenden Aktionen zu attackieren und die eigenen Marktnischen zu verteidigen.

In seinem ersten Buch spricht Jay Conrad Levinson 1983 davon, dass wirksame Werbung nicht teuer sein muss und Guerilla Marketing bei großen Firmen buchstäblich nicht bekannt ist. Laut Levinson glücklicherweise. Schließlich haben sie den Vorteil, über ausreichend Geld zu verfügen. Interessant ist auch, dass Levinson zu dieser Zeit noch keine einzige Werbeagentur bekannt ist, die sich auf Guerilla Marketing spezialisiert hat.

Bis heute hat sich im Marketing und unserer Welt viel verändert. Mittlerweile existieren diese Spezialagenturen und mittlerweile hat sich Guerilla Marketing wieder zu einer Option und Strategie sowohl für kleine und mittelständische Unternehmen als auch für große Markenunternehmen entwickelt.

Heute kann man Guerilla Marketing als eine Art Katalysator für bestehende Marketinginstrumente verstehen, egal ob es um die Kommunikation, den Preis, das Produkt oder die Distribution geht. Guerilla Marketing ist mehr als nur ein weiterer intelligenter und unkonventioneller Kommunikationskanal, mehr als eine nichtklassische Form der Kundenansprache. Außerdem ist Guerilla nicht nur im operativen Marketing einsetzbar. Auch für strategische Marketingüberlegungen bietet es wirkungsvolle Lösungsansätze.

Im Kern zielt Guerilla Marketing darauf ab, sich in erster Linie von den Marketingaktivitäten der Wettbewerber abzugrenzen, anders zu sein, innovativ zu sein, Aufmerksamkeit zu erregen und Originalität an den Tag zu legen, durch überraschende, außergewöhnliche, manchmal einfache geschickte und unterhaltsame Aktionen und Marketingideen. Hier gilt der Leitsatz: Mit wenigen Pfeilen zu treffen ist aussichtsreicher, als aus vollen Rohren auf ein Ziel, nämlich den Kunden, zu schießen.

Über all die Jahre hinweg kristallisierten sich immer wieder die beiden Hauptziele „Aufmerksamkeit erzeugen“ und „Einsatz eines kleinen Budgets“ heraus.

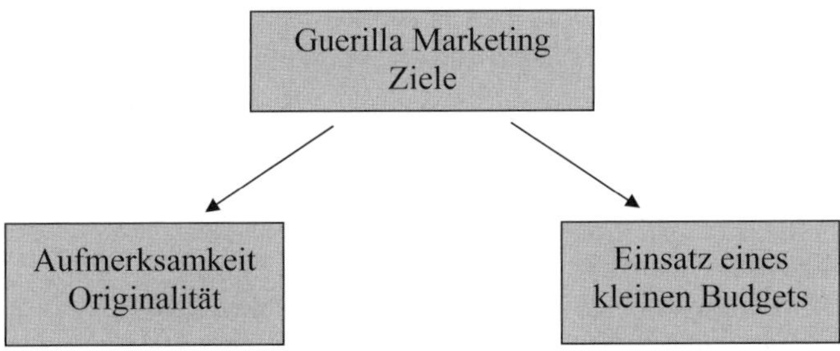

Gelingt es originelles Marketing kostengünstig zu betreiben dann kann man von einem Optimalzustand im Guerilla Marketing sprechen. Da aber mittlerweile auch viele große Unternehmen Guerilla Marketing anwenden, erscheint der Gedanke an einen kleinen Mitteleinsatz in einem etwas anderen Licht. Markenunternehmen investieren auch mal gerne 10.000, 100.000 und mehr Euro in eine Guerilla Kampagne. Also lassen Sie uns als Fazit und für die weitere Betrachtungsweise dieses Buches festhalten, dass es im Guerilla Marketing um das „Besondere“ und „Andere“ geht. Und nicht ausschließlich um kostengünstige Marketingaktionen.

Die Frage nach einer aktuell gültigen und anerkannten Definition für Guerilla Marketing führte Anfang 2005 zu ausführlichen Diskussionen in Marketing-Fachforen und unter den Experten. Letztendlich konnte man sich auf folgende Definition verständigen:

Guerilla Marketing ist die Kunst, den von Werbung übersättigten Konsumenten, größtmögliche Aufmerksamkeit durch unkonventionelles bzw. originelles Marketing zu entlocken. Dazu ist es notwendig, dass sich der Guerilla-Marketeer möglichst (aber nicht zwingend) außerhalb der klassischen Werbekanäle und Marketing-Traditionen bewegt.[1]

Es ist auch wichtig darauf hinzuweisen, dass Guerilla Marketing das klassische Marketing nicht ersetzen kann. Klassisches Marketing oder Lehrbuchmarketing ist sehr komplex und erfordert ein Verständnis, welches heutzutage fast nur noch durch Spezialisten angewandt werden kann. Guerilla Marketing kann die Komplexität des Lehrbuchmarketing beseitigen, kann Marketing vereinfachen und ist somit eine Alternative zum Lehrbuchmarketing. Jeder kann Guerilla Marketing anwenden, denn hier liegt das Geniale ja häufig im Einfachen. Man muss nicht der Marketingspezialist sein. Man muss seinen gesunden Menschenverstand nutzen. Viele Marketingverantwortliche betreiben Marketing nach gesundem Menschenverstand und somit häufig unbewusst Guerilla Marketing – und das oft sehr erfolgreich.

---

[1] Definition laut Thorsten Schulte (Guerilla Marketing Portal) und Patrick Breitenbach (werbeblogger.de) im März 2005. Den Diskussionsverlauf kann man in den Blogs: www.werbeblogger.de und www.guerilla-marketing-blog.de nachlesen.

3. Guerilla Marketing Historie

Im Zeitraffer von Napoleon bis Levinson

Um die Philosophie bzw. den Ur-Gedanken des Guerilla Marketings besser verstehen zu können, ist eine kleine geschichtliche Reise durch Raum und Zeit sinnvoll. Woher kommt der Begriff Guerilla und was bedeutet er? Was haben Che Guevara und die Bibel mit Guerilla Taktik zu tun? Jay Conrad Levinson und seine getreuen Erben – das Ende der Fahnenstange?

Der Begriff Guerilla

Der Begriff Guerilla entstand Anfang des 19. Jahrhunderts während des Spanischen Unabhängigkeitskrieges in Spanien und Portugal. Nach der Niederlage der offiziellen spanischen Truppen bildeten sich Untergrundmilizen, die sich gegen die Truppen Napoleons erhoben. Guerilla (spanisch Kleinkrieg) entspricht im französischen dem Begriff Partisanen, und heißt übersetzt irreguläre Kämpfer, die in Feindesgebiet den Nachschub stören.

Wegen ihrer militärischen Unterlegenheit vermeiden Guerillas (Partisanen) den offenen Kampf. Stattdessen operieren sie von abgelegenen und unzugänglichen Orten aus. Guerillas nutzen den Überraschungsangriff und führen Sabotageaktionen durch. Wegen ihrer hohen Mobilität und Flexibilität ist es für reguläre Armeen schwierig, ihrer habhaft zu werden.

Ihre motivierten Kampfhandlungen richten sich meist immer gegen eine feindliche, überlegene Militärmacht oder gegen die eigene Regierung. Überträgt man nun den Guerilla Kampf auf das heutige Wirtschaftsbild bzw. die heutige Marketing- und Werbelandschaft, so ist man schnell beim Wettbewerb kleiner und mittelständischer Unternehmen gegen Großunternehmen oder klassisches Marketing gegen revolutionäres Guerilla Marketing.

Die Guerilla Taktik

Bereits aus der Antike sind die ersten Guerilla Taktiken bekannt. So berichtet bereits die Bibel, dass bei der Eroberung Kanaans durch die Israeliten taktische Störmanöver und Hinterhalte wichtig waren. Im 1. Jahrhundert n. Chr. äußerte sich der jüdische Widerstand gegen die römische Fremdherrschaft in einer Reihe von heftigen Guerillaangriffen. Mit der Einnahme und dem Massaker Masadas erreichte dieser Aufstand seinen Höhepunkt.

Im Laufe der Geschichte waren Bauernaufstände oft von Guerillataktiken gekennzeichnet, so etwa in der westfranzösischen Vendée (1793-1796). Weitere Guerilla Kämpfe stehen im Zusammenhang mit dem Griechischen Unabhängigkeitskrieg (1821-1829), dem Burenkrieg (1899-1902), dem Sklavenaufstand in Brasilien gegen die Portugiesen und Holländer im 17. Jahrhundert oder im Amerikanischen Unabhängigkeitskrieg.

Nach dem 2. Weltkrieg wurde der Begriff Guerilla Taktik auch auf Aufstände bezogen, bei denen guerillaähnliche Taktiken zur Anwendung kamen. So verstand es beispielsweise Mao Tse-tung in kürzester Zeit die größtmöglichen Massen zu aktivieren. Maos Truppen verfolgten also guerillaähnliche Strategien und zogen damit den Krieg solange in die Länge, bis sie stark genug waren, um die nationale chinesische Armee in offenen Feldschlachten zu bekämpfen und zu besiegen.

Neben weiteren geschichtlichen Erfassungen, wie der Kampf der kommunistischen Vietcong gegen die Regierung Südvietnams, Amerikas Angst vor den Vietcong Guerillas, Afghanistans Kampf gegen das prosowjetische Regime, prägte ganz besonders der kubanische Revolutionär Che Guevara die Guerilla Taktik.

Das wohl bekannteste Buch zum Schlagwort Guerilla Taktik (englisch Guerilla Warfare) stammt von Che Guevara. Das geistige Wissen des Buches dient vielen Guerilla Marketeers noch heute als Grundstein für das Verständnis des Guerilla Marketings. Che definiert die wichtigsten Elemente der Guerillataktik wie folgt:

- Sieg über den Feind als ultimatives Ziel
- Einsatz von Überraschungseffekten
- taktische Flexibilität

Ernesto Che Guevara Lynch de la Serna wurde am 14.06.1928 in Argentinien geboren. Er wurde von seiner Mutter weitestgehend alleine aufgezogen und interessierte sich früh für Werke von Marx, Engels und Freud. Che wurde durch spanische Bürgerkriegsflüchtlinge und lange politische Krisen in Argentinien geprägt, die in dem linken Faschismus von Juan Peron gipfelten. Che kämpfte an der Seite seiner Eltern gegen Peron.

Buch zur Guerilla Taktik

Ernesto Che Guevara

Die Peron-Diktatur beeinflusste den jungen Che, und es keimte früh Hass gegen militärische Politiker, gegen die Armee und gegen die kapitalistische Oligarchie, und vor allem gegen den US-Dollar-Imperialismus auf. Im Jahr 1954 lernte er seinen geistigen Ziehvater Fidel Castro kennen. Von ihm wurde er in professioneller Kriegsführung ausgebildet. Bei der Invasion auf Kuba begleitete Che die Kubaner zuerst als Doktor und dann als Kommandeur der revolutionären Armee, um Kuba von dem Diktator Batista zu befreien. Nach dem Triumph der Revolution mittels Guerilla Taktiken wurde er zweiter Mann in der Regierung Castros. 1960 unterzeichnete Che Guevara ein Handelsabkommen mit der ehemaligen UDSSR, welches Kuba aus der Abhängigkeit der USA befreite. Ches mangelhafte politische und wirtschaftliche Vorgehensweise zwang Castro dazu ihn fallen zu lassen. Che Guevara besuchte indessen einige afrikanische Länder um auch dort Revolutionen anzuzetteln und mittels Guerilla Taktik zu bestehen. Ches letztes revolutionäres Abenteuer war in Bolivien, welches mit seiner Gefangennahme durch die bolivianische Armee endete. Auf Anordnung des amerikanischen Geheimdienstes CIA wurde er 1967 erschossen. Nach seinem Tod wurde er zum Märtyrer erhoben, und ist noch heute auf zahlreichen Postern, T-Shirts und in den Köpfen geistiger Revolutionäre (auch im Marketing) zu finden.

Geburtsstunde des Guerilla Marketings

Das Marketing Konzept bzw. der heute bekannte Begriff Guerilla Marketing wurde Mitte der sechziger Jahre in den USA erfunden. In den USA war es die Zeit, in der sich der Wandel vom Verkäufermarkt zum Käufermarkt vollzog. In diesem Zusammenhang suchten Marketingexperten an den amerikanischen Universitäten nach neuen Strategien, die nicht mehr ausschließlich auf Effekten wie Marktmacht, Größe und Kapitalkraft eines Unternehmens beruhten. Stattdessen sollten Strategien entwickelt werden, dessen Wirkung auf Einfallsreichtum, Unkonventionalität und Flexibilität basierten, Merkmale, die zu dieser Zeit insbesondere die aufkeimenden kleinen und mittelständischen Unternehmen aufwiesen.

Die USA waren zu dieser Zeit auch noch von den für das Land schrecklichen Ereignissen des Vietnam-Krieges betroffen. Wie konnte eine so große Nation mit seiner übermächtigen sehr gut ausgerüsteten Streitmacht durch einen minderbemittelten Feind wie den Vietcong nur solche nachhaltigen Blessuren davontragen?

Der Vietcong war eine Guerilla-Streitmacht mit unkonventioneller, überraschender und flexibler Kriegsführung. Genau die Voraussetzungen, nach denen die Marketing-Experten suchten. Aus der Not wurde eine Tugend. Die Idee der Guerilla Marketing Strategie war geboren. Zu dieser Zeit stand Guerilla Marketing noch sehr stark unter dem Zeichen des Anti-Marketing Gedankens. Guerilla Marketing als reine Zermürbungs- und Angriffsstrategie. Man verschaffte dem eigenen Unternehmen Vorteile, indem man die Marketingbemühungen der Wettbewerber ver- oder behinderte. Vorzugsweise setzte man dabei auf rechtliche Auseinandersetzungen. Der „Feind“ wurde zum Beispiel gerne an der Weiterführung einer Kampagne durch eine einstweilige Verfügung gehindert, bis alle fragwürdigen rechtlichen Details geklärt waren. Das angreifende Unternehmen setzte dabei nur ein Minimum an Ressourcen ein, um die Marketingaktivitäten der Konkurrenz im möglichst hohen Ausmaß zu stören.

ZEITFAKTOR	ENTWICKLUNGSFAKTOR
Antike	Erstes Aufkeimen von Guerillataktiken
1808 / 1814	Entstehung des Begriffs Guerilla
1960	Che Guevara prägt den Begriff Guerilla Taktik
Um 1965	Geburtsstunde des Guerilla Marketings
1983	Erstes Buch von Jay Conrad Levinson
1986	Die 3 Hauptprinzipien des Guerilla Marketings
Um 1990	Ambient Media betritt die Marketingbühne
1996	Viral Marketing beginnt zu leben
2000	Buzz Marketing by Mark Hughes
2000	Viral Marketing wird erwachsen
2002 ff.	Chat Attack, Blogger und Guerilla Mobile

Historie des Guerilla Marketings im Zeitraffer

Guerilla Großvater Jay Conrad Levinson

Der wohl bekannteste Marketing-Experte, der sich mit dem Thema Guerilla Marketing beschäftigt, ist der Amerikaner Jay Conrad Levinson. Er ist einer der ersten Pioniere des Guerilla Marketing Gedankens und wird häufig auch als Vater und Erfinder tituliert. Fest steht, durch seine Arbeiten und durch sein Engagement gelang der Strategie des Guerilla Marketings endgültig der Durchbruch und wurde weltweit bekannt.

Levinson schrieb 1983 auch das erste offizielle Buch mit dem Titel „Guerilla Marketing“. In den ersten Büchern war es für den Amerikaner ausschließlich eine Handlungsoption für kleine und mittelständische Unternehmen und nicht auch für große Markenunternehmen. Im Laufe der Jahre folgten zahlreiche weitere Fachbücher zum Thema. Und noch heute werden Levinsons neue Werke in hohen Auflagen verkauft und gelesen. Die Guerilla Bücher sind in 37 Sprachen in unzähligen Ländern erschienen.

Jay Conrad Levinson

Jay Conrad Levinson war 12 Jahre lang bei Unternehmen wie BBDO, Weiner Gossage und Edward H. Weiss in führenden Positionen tätig. Im Jahr 1962 kam er zur legendären Firma von Leo Burnett, in der er für fünf Jahre leitende Positionen bekleidete.

1967 wurde Levinson Vice-President and Creative Director bei J. Walter Thompson in Chicago. Er hat 10 Jahre lang Guerilla Marketing Theorien an der Universität von Kalifornien in Berkley unterrichtet. Heute ist er Geschäftsführer von Guerilla Marketing International sowie Lenker und Denker der offiziellen Guerilla Marketing Association.[2]

Die 3 Hauptprinzipien des Guerilla Marketing

Ein weiterer Meilenstein in der Geschichte des Guerilla Marketing ist gekennzeichnet durch die Arbeiten der beiden amerikanischen Marketing-Experten Al Ries und Jack Trout (ca. 1986). Das Guerilla Marketing Konzept wird von ihnen als konstruktive strategische Option mit hohem Erfolgspotential vor allem für kleine und mittelständische Unternehmen im Wettbewerb mit ressourcenstarken Unternehmen bezeichnet.

Für Ries und Trout gibt es drei Hauptprinzipien für erfolgreiches Guerilla Marketing:

- Marktnischen ausfindig machen und verteidigen
- Eine schlanke Organisationsstruktur
- Eine hohe Flexibilität

Als erste wichtige Voraussetzung für erfolgreiches Guerilla Marketing ist das Auffinden einer Marktnische zu nennen, die klein genug ist, um sie verteidigen zu können. Nur in der Beschränkung auf eine kleine Marktnische, hat ein kleines Unter-

[2] www.guerillamarketingassociation.com
Für Guerilla Interessierte ist eine Mitgliedschaft bei der Internationalen Guerilla Marketing Association eigentlich ein Muss. Wenn man des Englischen halbwegs mächtig ist und monatlich ca. 50 Dollar gut investieren möchte, ist die Mitgliedschaft wirklich empfehlenswert. So erhält man im Guerilla Insider alles Neue zum Thema, wöchentlich ist es möglich live mit JCL zu telefonieren, ein hervorragendes Business-Forum mit Experten, 21-Tage Emergency Marketing Plan, Videos, Guerilla Radio und vieles mehr. Man kann auch jederzeit wieder aussteigen und kündigen.

nehmen mit seinen limitierten Mitteln eine Chance im Wettbewerb mit ressourcenstarken Konkurrenten. Eine Marktnische kann ein spezielles Leistungsangebot (Produkt, Dienstleistung) sein. Eine Marktnische kann aber auch in geographischer Hinsicht eine zu verteidigende Besonderheit aufweisen (zum Beispiel ein regionaler Kinobetreiber).

Die Organisationsstruktur eines Unternehmens, das Guerilla Marketing betreibt, muss sehr schlank bleiben. Dies ist einerseits wichtig um Kosten zu sparen, andererseits um eine hohe Reaktionsgeschwindigkeit auf marktrelevante Veränderungen zu behalten. Zu diesem Zweck ist es notwendig, den Anteil der Mitarbeiter mit verwaltenden Tätigkeiten möglichst klein zu halten.

Das dritte und wohl wichtigste Merkmal eines Guerilla Unternehmens ist die Flexibilität. Schnelles und unbürokratisches Handeln ist von enormer Bedeutung. Ein Betätigungsfeld, dessen Aktivität und Rentabilität abnimmt, kann schnell verlassen werden. Die Ressourcen sollten schnell auf neue chancenorientierte Tätigkeitsfelder gelenkt werden.

Ein Unternehmen, das davonläuft, kommt eben bei einer anderen Gelegenheit wieder zum Zuge. Dieser Ratschlag stammt direkt aus den Schriften von Che Guevara. Man sollte nicht zögern, eine Marktnische aufzugeben, wenn sich das Blatt bei der Schlacht gegen einen wendet. Ein Guerillakämpfer verfügt nicht über ausreichende Energiereserven, die er in eine verlorene Sache investieren könnte. Er sollte schnell aufgeben und weiter vorwärts marschieren können. Lieber mehrfach feige, als einmal Tod! Genau dann zahlt sich der Vorteil von Flexibilität und einer schlanken Organisation wirklich aus.

Von A wie Ambient bis V wie Viral (1990 bis heute)

Seit den 90er Jahren verbringen Marketing-Experten anscheinend sehr viel Zeit damit regelrechtes Schlagwort-Bingo zu spielen. Viele neue Marketing-Begriffe erblickten seit dem das Licht dieser Welt. Unter ihnen auch einige unkonventionelle Ansätze, die durch ihren innovativen Charakter gut dem Guerilla-Prinzip zuzuordnen sind.

Den Anfang machte Anfang der 90er Jahre Ambient Media. Die Idee des Ambient Media wurde in England, basierend auf der klassischen Außenwerbung, geboren und schwappte danach schnell nach Deutschland über. In deutschen Großstädten tauchten zunächst vereinzelt, dann flächendeckend in der so genannten Trend- und Szenegastronomie Gratispostkarten auf. Zwar waren Gratispostkarten nicht die erste Sonderwerbeform, die ihre Position am Markt suchte, aber neu war insbesondere die Möglichkeit der flächendeckenden Buchung. Bundesweit entstand so das erste Ambient Media Format. Die erste Edgar Medien Gratispostkarte erschien 1992 in 100 Hamburger Cafés, Kneipen und Restaurants.

Eine der ersten Edgar Postkarten

Das Phänomen Gratispostkarte aus Hamburg erhielt bald Gesellschaft von den ersten Toilettenwerbern. Sit & Watch aus Bielefeld installierte in Kneipen bundesweit A3 Plakatrahmen im Blickfeld über den Pissoirs und an den Türen der Toilettenkabinen. Weitere zahlreiche Ambient Media Formate folgten im Laufe der Jahre. 2001 wurde dann der Fachverband Ambient Media e.V. kurz FAM gegründet. Bis heute haben sich Ambient Medien zu einer respektierten Mediengröße im Out of Home-Markt entwickelt. Im Jahr 2004 flossen rund 150 Mio. Euro in Ambient Media Formate, Tendenz steigend.

Der Begriff Virales Marketing tauchte erstmals im Jahr 1996 auf, in einem Artikel des US-Wirtschaftsmagazins Fast Company. Die Bezeichnung sprach sich schnell herum und wurde bereits 1998 zum „Internet Buzzword of the Year" gekürt. Angetrieben wurde die rasche Verbreitung des Begriffs von Erfolgsgeschichten wie die von „Hotmail" oder „The Blair Witch Project". In beiden Fällen wurden mit minimalem finanziellen Aufwand, maximale Werbe- und Verbreitungseffekte erzielt. In Deutschland löste Johnnie Walker mit der „Moorhuhnjagd" die erste nationale Internetepidemie aus. Im Jahr 2000 sorgten dann drei Publikationen dafür, dass aus dem Modewort der New Economy eine ernst zu nehmende Marketingdisziplin wurde: „The Tipping Point" von Malcom Gladwell, „Unleasing the Ideavirus" von Seth Godin und „The Anatomy of Buzz" von Emanuel Rosen. Heute wird Virales Marketing nicht mehr nur als reine Internetdisziplin verstanden, sondern gilt als Oberbegriff für eine Vielzahl von Techniken und Methoden, die zum Ziel haben die Kommunikation der Kunden untereinander anzuregen: Online, Offline oder via Mobile.

Den Begriff Buzz-Marketing prägte insbesondere der Amerikaner Mark Hughes, der u.a. das Internet-Startup Half.com dadurch in die Schlagzeilen hievte, dass er das Dorf Halfway an der US-Westküste dazu brachte, sich in Half.com umzubenennen.

Das Dorf Halfway wurde umbenannt in half.com

Guerilla Marketing Instrumente wie Mobile Guerilla Marketing, Affiliate Marketing, Chat Attack oder auch Marketing Blogs sind noch relativ neue Guerilla Waffen, weshalb in der geschichtlichen Betrachtung nicht weiter auf sie eingegangen wird.

Eine detaillierte Erklärung der unterschiedlichen Begriffe und deren Zusammenspiel, wie Buzz, Viral oder Ambient, findet man in Kapitel 6 „Guerilla Waffen Arsenal" dieses Buches.

4. Die Lehre des Guerilla Marketing

Theoretische Hintergründe

Die Lehre bzw. die Theorie des Guerilla Marketing ist ein bisher noch sehr nachlässig behandeltes Forschungsgebiet. Die Ausführungen in diesem Buch sind als erste vorsichtig Schritte zu verstehen, mit der Absicht, die Dinge etwas zu ordnen. Dennoch können aufgrund langjähriger Erfahrungen einige fundamentale Aussagen zu unterschiedlichen Fragestellungen gemacht werden:

Wie verhält sich Guerilla Marketing im Kontext zum klassischen Lehrbuchmarketing? Wie ordnet man Guerilla Marketing in den Marketing-Mix ein? Wir ordnet sich Guerilla Marketing in den Kommunikations-Mix ein? Ist Guerilla Marketing nur ein weiterer innovativer Kommunikationskanal? Guerilla Marketing als strategische Handlungsoption oder sogar als Unternehmensphilosophie?

Guerilla Marketing und Lehrbuchmarketing

Guerilla Marketing ist anders, innovativ, unkonventionell und überraschend, aber niemals ein vollständiger Ersatz für klassisches Lehrbuchmarketing. Vielmehr lassen sich Guerilla Strategien zusätzlich einsetzen, um das eigene Marketing wirkungsvoller und abwechslungsreicher zu gestalten, um sich öfters von den Aktivitäten der Wettbewerber abzuheben. Hierbei können wenige Guerilla Aktionen viel erfolgreicher sein, als unzählige klassische Marketing-Aktivitäten.

Insbesondere Groß- bzw. Markenunternehmen sollten auch weiterhin auf klassisches Marketing, wie TV-Werbung, Anzeigenschaltung, Sponsoring etc. setzen. Diese Unternehmen müssen häufig eine breite Masse von Kunden erreichen, immer präsent sein und doch auch immer wieder jung, frisch, dynamisch und unkonventionell erscheinen. Großunternehmen können somit maximal 30% ihres Marketing als Guerilla Marketing durchführen, die restlichen ca. 70% sollten klassisches Marketing sein. Eine im Verhältnis gesunde Anwendungshäufigkeit von Guerilla Marketing kann mit weniger Mitteleinsatz eine deutlich durchschlagendere und innovativere Ansprache der jeweiligen Zielgruppe bewirken. Und eine deutliche Abgrenzung zu den Aktivitäten der Konkurrenz.

Bei kleinen und mittelständischen Unternehmen sieht das gesunde Verhältnis von Klassik zu Guerilla schon deutlich anders aus. So können kleinere Unternehmen bis zu 80% auf Guerilla Marketing setzen, wobei rund 20% Klassik-Marketing bleiben sollte. In Einzelfällen ist es bei kleinen, mittelständischen Betrieben oder bei Existenzgründern sicherlich auch möglich, fast vollständig auf Guerilla Marketing zu setzen.

Guerilla Marketing im Marketing-Mix

Betrachtet man Guerilla Marketing im Zusammenhang mit dem Marketing-Mix, so stellt man fest, dass Guerilla Marketing Einfluss auf alle Bereiche nimmt: auf die Kommunikation, den Preis, das Produkt und die Distribution.

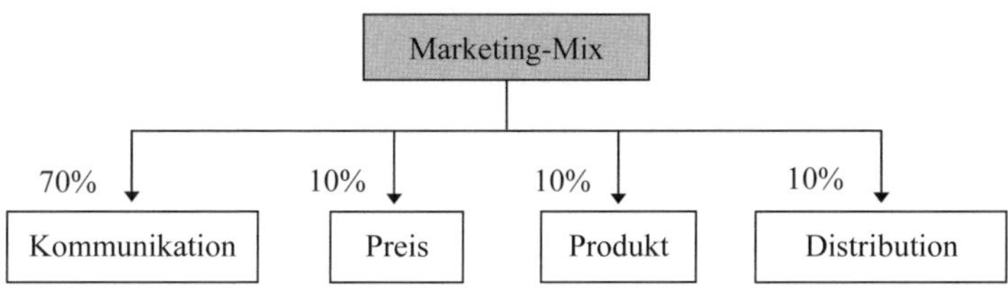

Anwendungshäufigkeit im Marketing Mix

In der Praxis verteilt sich die Anwendungshäufigkeit von Guerilla Marketing Maßnahmen nicht gleichmäßig auf die vier Marketing-Instrumente. Rund 70% aller Guerilla Aktionen und Strategien tangieren den Bereich Kommunikation, wohingegen rund 30% aller Aktionen in die Bereiche Produkt, Preis und Distribution fallen. Da fast jede dritte Guerilla Maßnahme nicht in den Bereich Kommunikation fällt, ist Guerilla Marketing eindeutig nicht nur als zusätzlicher Kommunikationskanal zu verstehen, sondern als Katalysator für alle im Marketing-Mix vertretenen Instrumente.

Guerilla Marketing und Kommunikation

Rund 70% aller Guerilla Marketing Aktionen werden als Kommunikationsmaßnahme geplant und eingesetzt. Hierbei wird von einigen Experten Guerilla Marketing als eigenständiges Kommunikationsmedium angesehen, für andere Experten ist Guerilla vielmehr als Katalysator für klassische Kommunikationsinstrumente zu verstehen, und eben nicht als eigenständiger und unabhängiger Kommunikationskanal. Durch den Zusatz von Guerilla-Ideen, wird vielmehr der Wirkungsgrad bzw. die Höhe der Aufmerksamkeit bei den bestehenden Instrumenten verstärkt.

So wird zum Beispiel beim Ambush Marketing der klassische Sponsoring-Kanal genutzt, um als Trittbrettfahrer die Sponsoringkosten zu minimieren und durch ausgefallene Aktionen Aufmerksamkeit zu erzielen. Die klassische Außenwerbung dient den Ambient Medien als Ursprungsbasis, die durch Ambient-Charakter (z. B. Werbung auf Bierdeckeln, ungewöhnliche und auffallende Riesenposter, Edgar-Karten etc.) in ihrer Wirkung verstärkt werden.

Die bekannte Briefmarkentaktik kann als Katalysator für eine klassische Direktmarketing-Aktion angesehen werden (Sondermarke oder mehrere im Wert geringere Marken verwenden). Virale oder Guerilla Mobile Kampagnen sorgen für mehr Aufmerksamkeit und Effektivität im Bereich Online und Mobile Marketing. Sogar im persönlichen Verkauf kann die Akquisitionsrate durch den Einsatz von Guerilla Taktiken deutlich gesteigert werden. Die Guerilla Marketing Group[3] aus Berlin hat sich als Dienstleister auf „Guerilla Verkauf“ spezialisiert.

Guerilla Marketing als strategische Option

Was hat Guerilla mit strategischem Marketing zu tun? Eine ganze Menge! Die Wirkung und Effektivität einzelner Guerilla Aktionen sind in der Regel nur von kurzer Dauer und nicht sehr nachhaltig. Daher ist es sehr wichtig, dass Guerilla Unternehmen auch im strategischen Marketing gut aufgestellt sind und Weitblick zeigen.

IKEA, eBay, Red-Bull, Starbucks, Apple, Media Markt oder Hidden-Champions wie Haribo, Stihl und Würth. Worin ist der Erfolg dieser Unternehmen begründet, was unterscheidet sie von anderen Unternehmen?

Sie haben die Welt so genommen wie sie ist, aber nicht so gelassen. Sie haben neue Nischen geschaffen und traditionelle Nischen verteidigt. Sie haben den Blick über den Tellerrand hinaus gewagt und etwas riskiert. Auch im strategischen Marketing kann man mit Guerilla Ansätzen durch überraschende, unkonventionelle, einfache und antitraditionelle Ideen erfolgreich sein und sich deutlich von Wettbewerbern differenzieren.

IKEA verzichtet auf Schnickschnack und verkauft Möbel auf die rustikale Art. eBay hatte eine genial Idee Auktionen im Internet durchzuführen und verdient damit heute Milliarden. Einen Red-Bull Powerdrink, der Flügel verleiht, brauchte bis dato auch niemand. Apple setzt auf Design und mit dem Apple iPod auf innovative neue Techniken. Media Markt überrascht mit pfiffiger Werbung und lässt sich auch in Sachen Preis-Differenzierung nicht so schnell „verarschen“. Starbucks setzte durch den Blick über den Tellerrand hinaus auf Coffeeshops, auf ein Geschäft, das die klassischen Wettbewerber übersehen haben. Haribos Goldbärchen-Strategie ist geschickt und einfach zugleich. Stihl Motorsägen sind überall auf der Welt im Einsatz und der Weltmarktanteil ist ungefähr doppelt so hoch wie der des stärksten Konkurrenten. Würth setzt auf eine klare Nischenpositionierung im Markt für Schrauben, Verbindungs- und Befestigungsmaterial und verteidigt diesen Markt kämpferisch. Die Beispiele dieser Unternehmen haben eine kleine, aber sehr feine Gemeinsamkeit: „Andersartigkeit“.

---

[3] Guerilla Marketing Group Berlin, Denver, San Francisco
Weitere Informationen: www.guerrilla.de

Kleine und mittelständische Unternehmen sollten nicht versuchen Marketinginstrumente so einzusetzen, bzw. strategische Entscheidungen so zu treffen, wie die großen Unternehmen es vormachen. Marketing aus dem Bauch heraus, mit Hilfe des gesunden Menschenverstandes kann hier weitaus wirkungsvoller sein.

Guerillas verändern und verstehen ihre Einstellung zum Marketing. Sie nehmen die Dinge in die Hand, krempeln die Ärmel hoch und packen an, warten nicht ab bis unzählige Details in Marketingplänen und endlosen Sitzungen geregelt oder durch Zahlenfriedhöfe belegt sind. Sie denken quer, brechen mit Traditionen und verstehen, dass Einfachheit eine ganz besondere Macht besitzt.

Der Guerilla Gedanke und die Philosophie des Guerilla Marketing muss in den Unternehmen gelebt werden. Das ist die wohl wichtigste Botschaft.

An welchen strategischen Schrauben Guerilla Unternehmer wirkungsvoll drehen können, erfahren Sie im Kapitel mit dem Titel „Strategie im Fokus – Strategisches Marketing clever und smart“.

5. Guerilla Waffen Arsenal

Welche Waffen kommen zum Einsatz?

Das folgende Kapitel soll Ihnen einen Überblick über die Guerilla Waffen bzw. Instrumente liefern, die einem Guerilla Marketeer zur Verfügung stehen.

Guerilla Pressearbeit wird mit Absicht nicht als eigenständige Waffe erwähnt. Guerilla PR ist quasi als „das Salz in der Suppe“ zu verstehen. PR wird in der Regel flankierend eingesetzt, um Guerilla Aktionen bekannt zu machen und eine noch höhere Aufmerksamkeit zu erzielen. Speziell bei einzigartigen Guerilla Sensation Aktionen ist eine begleitende Guerilla PR unabdingbar. Vorteilhaft, aber nicht zwingend notwendig ist der Einsatz von PR bei den Waffen außerhalb der Kommunikation, wie Guerilla Prizing, Guerilla Producting oder Guerilla Distributing. Ambient Media, Ambush Marketing, Chat Attack, Blogger Marketing, Mobile Marketing, sowie Viral & Buzz Marketing sind auch ohne begleitende PR sehr effektiv. KMU´s hingegen sollten PR immer als eigenständige Waffe im Arsenal haben.

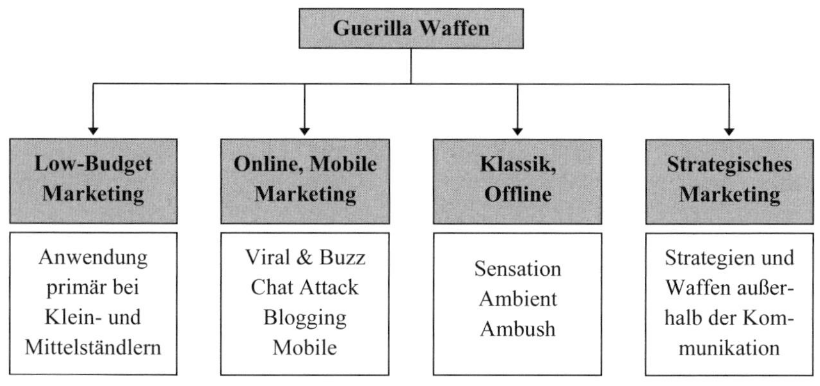

Guerilla Waffen Arsenal

Waffen-Kategorien

Nach den neuesten Erkenntnissen unterscheidet man im Guerilla Marketing vier Kategorien: Low Budget Marketing, Online und Mobile Guerilla Marketing, Klassik oder Offline Guerilla Marketing, sowie strategisches Guerilla Marketing.

Low Budget orientiert sich primär an den Bedürfnissen von kleinen und mittelständischen Unternehmen.

Online und Mobile Guerilla Marketing beschäftigt sich mit den Möglichkeiten und Herausforderungen des World Wide Web und des Mobilfunkmarktes, mit den Waffen Chat & Forum-Attack, Viral & Buzz Marketing, Blogging und Mobile Marketing. Das Viral & Buzz Marketing kann auch dem klassischen, Offline Guerilla Marketing zugeordnet werden. Da aber der größte Teil der Viral Kampagnen etwas mit dem Medium Internet zu tun haben, ist hier eine Zuordnung zum Online Guerilla Marketing vorgenommen worden. Mobile Guerilla Marketing steckt noch in den Kinderschuhen, gewinnt aber an Bedeutung immer mehr dazu.

Klassisches bzw. Offline Guerilla Marketing beschäftigt sich mit den Marketing Kommunikationsinstrumenten wie Außenwerbung, Sponsoring und Event-Marketing und findet in der Regel im Offline Bereich, sprich im Out of Home-Bereich statt. Guerilla Marketing wirkt bei diesen Instrumenten wie eine Art Katalysator und verstärkt somit die Wirkung von Kampagnen und Aktivitäten. Das Ambush Marketing ist aus dem klassischen Sponsoring entstanden, Ambient Media hat seine Wurzeln bei der klassischen Außenwerbung liegen. Sensation Marketing hingegen beschreibt einzelne, nicht wiederholbare Aktionen mit Eventcharakter die große Aufmerksamkeit erzielen.

Strategisches Guerilla Marketing zeigt Strategien auf, die mit einem kleinen Etat praxisgerecht umgesetzt werden können, eine große Wirkung haben und nicht der Kommunikationspolitik zugeordnet werden. Hier sind preispolitische, distributionspolitische, produktpolitische und allgemeinstrategische Marketingüberlegungen eingeordnet. Unter das strategische Guerilla Marketing fallen Instrumente wie Trendscouting, Guerilla Prizing, Guerilla Distributing und Guerilla Producting. Fast alle strategischen Guerilla Überlegungen basieren auf den Faktoren Einfachheit und Genialität.

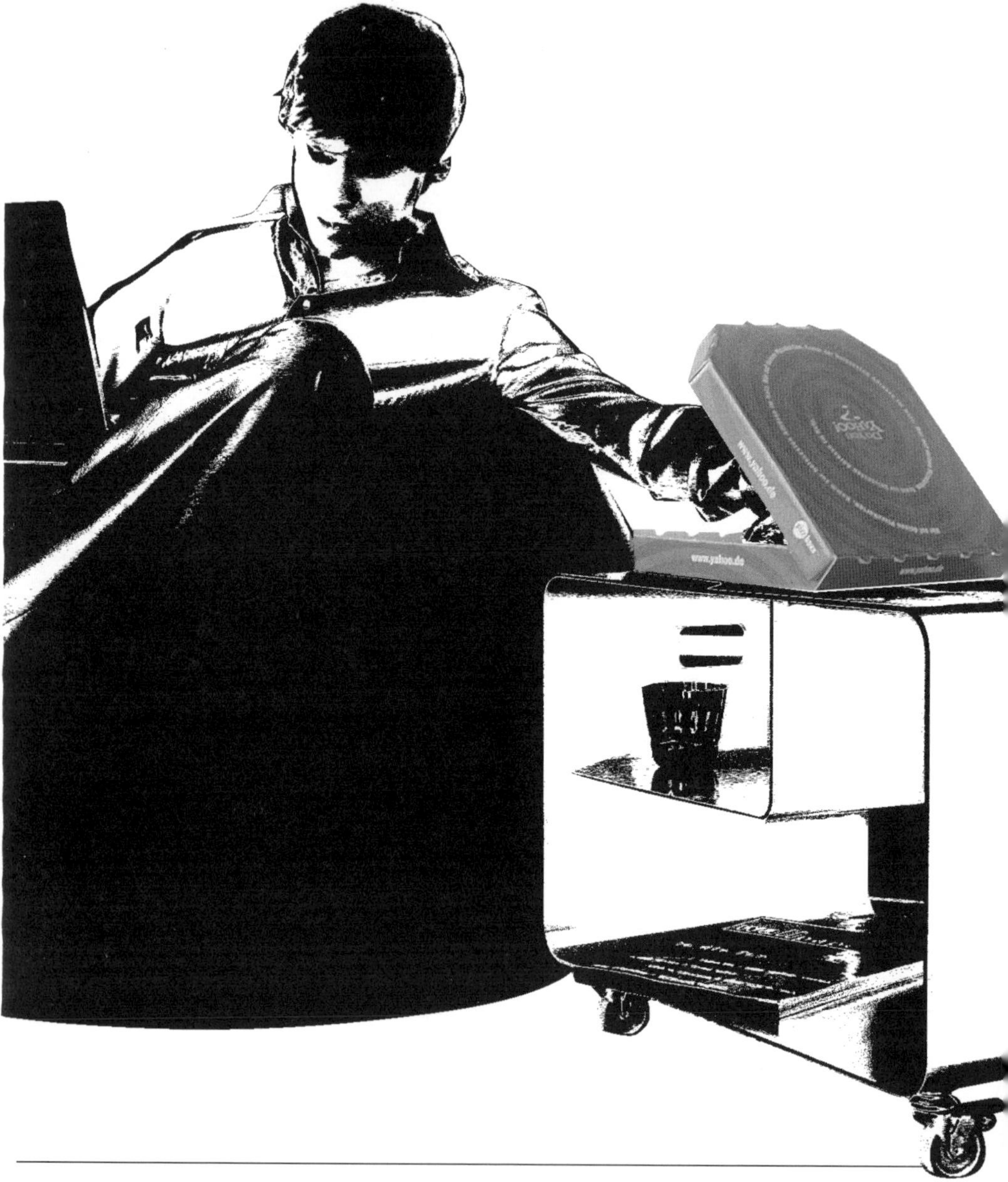

6. Ambient Media

Out of Home für junge Leute

Frisch, frech und frei, so kommen Ambient Medien daher. Bei aller Ungezwungenheit hat sich die junge Werbespezies zu einer respektierten Mediengröße im Out of Home-Markt entwickelt.

Ambient Medien, auch gelegentlich als Ambient Marketing tituliert, sind Medienformate, die im Out of Home-Bereich der Zielgruppe planbar konsumiert werden und oft schneller und provokanter sind, als ihre große Mutter Plakatwerbung.

Im Fokus der Ambient Kampagnen stehen primär junge Leute im Alter von 16-35 Jahren, wodurch Ambient Medien besonders gut für den Aufbau junger und erlebnisorientierter Marken geeignet sind. Ambient Medien wenden sich an Zielgruppen, die mit klassischen Medien nicht oder nur schwer erreicht werden können, und zwar dort, wo sich die Zielgruppen aufhalten. Das kann in Clubs, Cafés, Schulen, Universitäten sein, an der Bushaltestelle, beim Sport, im Kino oder in der Telefonzelle. Die jungen Leute müssen Marketing und Werbung als Unterhaltung, Spaß und Entertainment empfinden, das auffällt, „in" ist und als Bestandteil ihres Lebensumfeldes platziert wird.

Von sehr großer Bedeutung ist in diesem Zusammenhang das Auffinden und Festlegen einer sehr homogenen bzw. gleichartigen Zielszene. Hierdurch ist eine große Zielgruppengenauigkeit und Aufmerksamkeit ohne Streuverluste gewährleistet. Die junge Szene nimmt die Ambient Medien positiv wahr und erkennt diese an. Das belegt zum Beispiel die im Dezember 2003 erschienene Studie IT Works mit Sympathiewerten von über 70%. Die Studie sollte zudem Leistungswerte (Bekanntheitsgrad, Sympathiewert, Tausend-Kontakt-Preis, Gross Rating Point) für die meisten Ambient Werbeträger ermitteln. Hierdurch ist Ambient eine wirklich messbare und planbare Guerilla Waffe. Im Jahr 2004 setzten Ambient Medien rund 150 Millionen Euro in Deutschland um. Das geht aus einer Studie der Ambient Branche hervor, Tendenz steigend. Weltweit liegt der Umsatz 2004 bei geschätzten 2,1 Mrd. Euro. Insgesamt existieren rund 2.000 Ambient Medien Anbieter (Aussage: Freecard Alliance).

Neben den klassischen, planbaren Ambient Medien beschreibt man gelegentlich auch noch „Ambient Media Stunts". Das sind nicht planbare und selten wiederholbare Aktionen. Ambient Stunt ist eigentlich nur ein anderer Begriff für Sensation Guerilla Marketing.

Welche Ambient Formate gibt es?

In Deutschland existieren 100 bis 150 verschiedene Ambient Medien, die alle ihren eigenen innovativen und originellen Charakter besitzen.

Werbung auf Pizza-Kartons und Getränkeuntersetzern

Ob nun an der Tankstelle beim Griff zur Zapfpistole der Schokoladenhersteller dezent auf eine süße Stärkung hinweist oder in den Duschräumen und Toiletten, auf Spiegeln von Schwimmbädern, und Fitness-Tempeln Werbung ins Auge sticht, die Ideen sind vielfältig.

Im Juli 2004 realisierte die Agentur Cult Cars die angeblich bislang größte mobile Marketingkampagne in Deutschland. Im Auftrag der Krombacher Brauerei wurden 1000 VW-Polos im Dragon Design für die Marke Cab Cola & Beer unters Volk gebracht.

Cult Cars als Ambient Werbeträger

Interessierte konnten sich um einen limitierten Leasingvertrag bewerben, der im Vergleich zu einem regulären Angebot 60 % günstiger war. Das Ergebnis kann sich sehen lassen. Cab konnte seinen Marktanteil im Vergleich zum Vorjahr mehr als verdoppeln.

Seit Anbeginn der Ambient Medien mit dabei sind auch die bekannten Edgar Freecards. „It is string time“ lautete zum Beispiel der Claim für die junge Marke Sloggi aus dem Hause Triumph. In 13 Städten wurden über 300.000 Freecards in 2.400 Locations unters Volk gebracht. Gillette buchte die Cards in rund 200 New Yorker Stores in ganz Deutschland und Microsoft bewarb mit 800.000 Postkarten die neue MSN-Suche in Gaststätten und Hochschulen.

Weitere Medien sind Heißluftballone, Luftschiffe, Strandkörbe, Zigarettenhülsen, Videobords an Straßen, hinterleuchtende Säulen in Kinos, Großleinwand TV in Bahnhöfen, Spintwerbung, Floorgrafics, Mousepads, Brötchentüten, Stäbchen beim Chinesen, Werbung auf LKW, Kaffee-Becher oder Samplings. Den Ideen für neue Ambient-Formate scheint keine Grenze gesetzt zu sein. Immer wieder erblicken neue Medien das Licht der Werbebranche.

Werbung auf dem stillen Örtchen.

In Deutschland wurde 2001 der Fachverband Ambient Media e.V. (FAM) als Interessenverband von Medienanbietern, Beratern und Agenturen gegründet. Die Geschäftsstelle befindet sich in Hamburg. Ziel des FAM ist es, Ambient Media als innovatives, wettbewerbsfähiges und intermedial vergleichbares Medium zu positionieren. Dazu gehört vor allem die Stärkung der Marktposition von Ambient Medien im intermedialen Wettbewerb. u. a. durch wissenschaftliche Markt- und Meinungsforschung auf dem Gebiet des Werbewesens sowie Durchführung von eigenen und zur Unterstützung von anderen geeigneten PR- und Marketing-Aktionen. Zudem wird eine nachvollziehbare Evaluierung bzw. mehr Transparenz der verschiedenen Medienträger angestrebt.

Seit Oktober 2003 vergibt der Fachverband Ambient Media Gütesiegel an Medienanbieter, um Qualitätsstandards zu sichern und um mehr Transparenz und Planungssicherheit zu gewährleisten. Kriterien für die Erlangung des Gütesiegels sind unter anderem Auflagenprüfung, Verteilung und Verkauf der produzierten Medien sowie die vorhandene Outlet-Zahl. Geprüft werden Aufträge der letzten beiden Jahre und deren Umsetzung; verliehen wird das Gütesiegel für alle wiederholt buchbaren Ambient Media-Gattungen.

Einmal im Jahr organisiert und realisiert der FAM auch den deutschen Ambient Media Showcase.

Impressionen vom 2. Ambient Media Showcase 2004

Auf dem Ambient Media Showcase trifft sich die Ambient Media Szene Deutschlands. Neben einer Vortragsveranstaltung können sich die Besucher auf einer begleitenden Ausstellung über die aktuellen Werbeformate bei den unterschiedlichen Anbietern informieren.

Links:

www.f-a-m.net (Fachverband Ambient Media)

www.am-sc.net (Ambient Media Showcase)

7. Ambush Marketing

Spielwiese für Juristen und Werbepiraten

Ambush Marketing (engl. to ambush = aus dem Hinterhalt überfallen) lässt sich am besten als Schmarotzer- oder Trittbrettfahrer-Marketing übersetzen und definieren. Ähnlich wie die Schmarotzer im Tierreich, profitieren die Marketing Trittbrettfahrer als Außenseiter von bestimmten Anlässen, ohne selbst offizieller Sponsor oder Veranstalter zu sein. Selbsterklärend ist der finanzielle Aufwand hierbei wesentlich geringer als offizielles Sponsoring. Besonders beliebt sind in diesem Zusammenhang sportliche Großereignisse, die in der Regel sehr medienintensiv sind.

AMSTEL Beer verteilte bei der EURO 2000 kostenlos Hüte an Fußballfans obwohl Carlsberg Sponsor war.

Ein Ziel des Ambush Marketing besteht darin, auf das eigene Unternehmen aufmerksam zu machen und eine Assoziation mit einem speziellen Event oder Projekt anzustreben. Zum anderen soll die Wirkung der offiziellen Sponsoringaktivitäten eines Wettbewerbers gezielt geschwächt werden. Daher ist es nicht verwunderlich, dass Ambusher und offizieller Sponsor häufig aus der gleichen Branche kommen. Bei Konsumenten und potentiellen Kunden tritt eine beabsichtigte Konfusion oder Irreführung auf. Wer ist Sponsor und wer Ambusher?

Die Ursachen für Ambush Marketing liegen wohl primär darin begründet, dass Sponsoring von Großveranstaltungen immer teurer wird und die Marketing-Budgets der Unternehmen im Gegenzug immer knapper. Daher stellen sich viele Unternehmen die Frage, wie sie von einem Ereignis profitieren können, ohne die erforderlichen Exklusivrechte zu erwerben. Auch die Anzahl von guten Ereignissen, die sehr medienintensiv sind, ist beschränkt. Der Wettbewerb wird international immer härter und es gibt zu viele Nachfrager für ein Event. So hat zum Beispiel der japanische Elektronikkonzern Sony im Jahr 2005 den höchstdotierten Sponsoringvertrag in der Geschichte des Internationalen Fußballverbandes (FIFA) abgeschlossen. Für die weltweiten Vermarktungsrechte von 2007 bis 2014 muss Sony die stolze Summe von 237 Millionen Euro nach Zürich überweisen. Damit sichert sich Sony auch die Weltmeisterschaften 2010 und 2014. Wen wundert es bei solchen Summen, dass immer mehr Unternehmen auf Ambush Marketing setzen. Rund 3,4 Milliarden Euro wurden in Deutschland im Jahr 2004 für Sponsoring ausgegeben. Davon fließen 1,9 Milliarden in den Sport. T-Com lässt sich das Trikot Sponsoring des FC Bayern für die Saison 2004/2005 rund 17,5 Mio. Euro kosten. Budweiser berappte als internationaler Sponsor für die WM 2006 ca. 45 Mio. Euro, OBI als nationaler Sponsor rund 13 Mio. Euro.

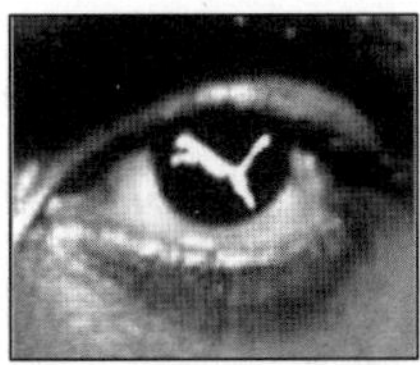

Linford Christi mit der Puma Linse

Da wundert es einen nicht, dass Sportartikelhersteller Puma 1996 bei den Olympischen Spielen in Atlanta Top-Athleten wie den Sprinter Linford Christie mit farbigen Kontaktlinsen ausstattete oder die Wildkatze als Tattoo auf der nackten Haut der Athleten platzierte. Hauptsponsor war NIKE. Aber auch NIKE lässt sich nicht lumpen. Bei einem großen, von Konkurrent Adidas gesponsorten Marathon Lauf stattete NIKE den ältesten Rennteilnehmer von Kopf bis Fuß aus. Der gute alte Heinrich wurde auch prompt zum Liebling von Kamerateams und Fotographen. Als die Londoner Gesundheitsbehörde zu einem „Feelgood-Marathon" aufrief, stellte eine Brauerei entlang der Strecke Gratisbier-Theken auf, die den Slogan „Why run if you can have fun" trugen. Binnen kürzester Zeit bildeten sich um die Theken größere Gruppen Bier trinkender Marathon-Deserteure.

Ambush Marketing wird bei weitem nicht nur in Einzelfällen angewandt, sondern ist eine gern genutzte Guerilla Disziplin. Bei der WM 2002 wurden weltweit ca. 1900 Fälle von Ambush registriert. Bei der WM 2006 in Deutschland sind bereits im Vorfeld 500 Fälle von illegalem Marketing und Produktpiraterie bekannt geworden.

Auch Ambusher haben unterschiedliche Pfeile im Köcher. Meistens werden Ambush Aktionen im räumlichen Umfeld des Veranstaltungsortes durchgeführt, so zum Beispiel das Verteilen von Flyern, massive Plakatwerbung oder Werbung auf Heißluftballonen in unmittelbarer Nähe des Veranstaltungsortes.

Der Ambusher kann auch eigene Werbung während des Ereignisses platzieren. So rüstete der Bierbrauer Amstel während der Fußball-EM 2000 Fans kostenlos mit Hüten aus. Einer der offiziellen Sponsoren war Carlsberg.

Eine weitere Möglichkeit als Ambusher in Erscheinung zu treten besteht darin, zeitlich parallel gelagerte Medienwerbung in Funk, Print und TV zu platzieren. Bei der Fußball EM 2004 in Portugal etwa war Coca Cola offizieller Sponsor, Branchenrivale Pepsi warb dort ausgiebig mit David Beckham von Real Madrid.

Letztlich kann das werbende Unternehmen, das nicht zu den offiziellen Sponsoren zählt, einzelne Sportler oder ganze Teams ausrüsten. Während des Africa-Cup 2004, der von Adidas gesponsert wurde, rüstete Puma das Team von Kamerun aus.

Die Reglements von Veranstaltern wie IOC, FIFA oder UEFA werden zunehmend exzessiver. Die Exklusivrechte der Hauptsponsoren werden immer mehr ausgeweitet, und die Schutzmaßnahmen gegen Ambush Marketing verstärkt. Weiterhin werden Initiativen und Schutzprogramme der Sportorganisationen, Regierungsstellen und Behörden gegen Fälschungen und Markenschutz gefördert.

So gaben die griechischen Behörden im Rahmen der Olympischen Spiele 2004 geschätzte 750.000 Euro für die Schaffung einer sauberen Zone bzw. Bannmeile in und um Athen aus. In Athen wurden rund 10.000 bestehende große Werbeflächen von Häusern und Dächern entfernt. Darüber hinaus wurden diese auch in kleineren Städten und nahe den Autobahnen abgenommen. Zusätzliche Restriktionen gab es bezüglich Werbung in Bussen und Plakatwänden an Bushaltestellen. Während der Spiele wurden diese Werbeflächen kontrolliert und nur den offiziellen Sponsoren zur Verfügung gestellt. Bei den Olympischen Spielen in Sydney hatte das Personal sogar Pepsi-Dosen von Besuchern konfisziert, aufgrund der Beteiligung von Coca Cola als Sponsor.

Auch im Vorfeld der Fußball-WM 2006 in Deutschland machte man sich seitens der Ausrichter viele Gedanken, wie man die offiziellen Sponsoren schützen kann.

Die Ausrichterstadt Hannover beispielsweise muss zwei Wochen vor WM-Beginn bis drei Tage nach WM-Schluss, nicht nur ein werbefreies Stadion übergeben. Zusätzlich darf bei anderen Veranstaltungen, wie bei der Übertragung auf Großbildleinwänden, kein anderer Sponsor in Erscheinung treten. Auf der „WM-Meile“ werden nur Fahnen der offiziellen Sponsoren wehen.

Fans, die ein WM-Ticket bestellen wollten, lernten unter anderem, dass die Zahlung per Kreditkarte nur möglich ist, wenn das Plastik des Fifa-Partners Mastercard verwendet wird. Und das Fernsehen ist vertraglich verpflichtet, den offiziellen Sponsoren das erste Recht als Präsenter des WM-Programms zuzugestehen.

Ein fortwährender Kampf zwischen Juristen und Werbepiraten. Wird ein Werbepirat gefasst, so gibt es keine Gnade! Der Zigarettenhersteller British American Tabacco (BAT) wurde vom Deutschen Nationalen Olympischen Komitee (NOK) aufgrund der missbräuchlichen Nutzung olympischer Symbole verklagt. Anlässlich der Olympischen Spiele 2004 in Athen waren auf einem Plakat fünf Zigarettenschachteln mit jeweils einem Ring darauf so angeordnet worden, dass es den Anschein hatte, als ob es sich um die Olympischen Ringe handelt.

Bleibt wohl abschließend noch die „Gretchenfrage“ zu klären, ob Ambush wirkungsvoller ist als offizielles Sponsoring. Eine gute Hilfe zur Beantwortung der

Frage liefert hierzu der „Eventreport 2004[4]", der die Wirkungen von Ambush Marketing bei sportlichen Großereignissen untersuchte. Neben der Unübersichtlichkeit im Bereich der normalen Sponsoren, steigert auch noch die große Anzahl von Ambushern die Konfusion bei den Konsumenten. Bei der Vielzahl der daraus resultierenden Kommunikationsmaßnahmen, kann der Verbraucher nicht erkennen, wer offizieller Sponsor ist und wer als Trittbrettfahrer auftritt. Sprich: die kommunikative Wirkung von Sponsoring und Ambush-Marketing ist fast nicht zu unterscheiden. Legt man nun den Preis zugrunde, ist Ambush-Marketing eine sinnvolle Alternative.

Wie sich eine Ambush Aktion auch für ein kleines Unternehmen lohnen kann, zeigt das abschließende Beispiel der Hundepudding-Flitzerin bei Torwart-Titan Olli Kahn.

So wirbt man jetzt für Hundepudding.

In der zehnten Minute des Achtelfinales im DFB-Pokal zwischen dem FC Bayern München und dem VFB Stuttgart lief eine als tierische Werbesäule (Hundepudding) verkleidete Frau auf Torwart Olli Kahn zu, umarmte ihn, rannte dann freudestrahlend über den Platz, bevor sie von drei Stadionordnern freundlich vom Feld geführt wurde. Die Flitzerin war als Rollstuhlfahrerin ins Stadion gelangt und hatte ihr Kostüm unter einem blauen Regenmantel versteckt. Die Aktion zog natürlich das Interesse der Medien auf sich. Neben der Liveübertragung im ZDF berichteten auch sehr viele andere TV-und Printmedien, wie zum Beispiel die Bildzeitung, über diese amüsante Ambush Aktion.

---

4 Weitere Informationen und Bestellung der Studie unter www.eventreport.de

8. Viral & Buzz Marketing

Die Kunst des richtigen Anstoßes

Der Begriff Virales Marketing tauchte erstmals im Jahr 1996 auf, in einem Artikel des US-Wirtschaftsmagazins Fast Company. Die Bezeichnung Viral Marketing sprach sich schnell herum und wurde bereits 1998 zum „Internet Buzzword of the Year“ gekürt. Angetrieben wurde die rasche Verbreitung des Begriffs von Erfolgsgeschichten wie die von Hotmail oder „The Blair Witch Project“. In beiden Fällen wurden mit minimalem Aufwand maximale Werbe- und Verbreitungseffekte erzielt. In Deutschland löste Johnnie Walker mit der „Moorhuhnjagd“ die erste nationale Internetepidemie aus. Das kostenlose Computerspiel Moorhuhn wurde von mehr als 40 Mio. Nutzern aus dem Internet herunter geladen.

Moorhuhn: Bekannt durch Viral-Marketing

Im Jahr 2000 sorgten drei Publikationen dafür, dass aus dem Modewort der New Economy eine ernstzunehmende Marketingdisziplin wurde. „The Tipping Point“ von Malcolm Gladwell, “Unleashing the Ideavirus” von Seth Godin und “The Anatomy of Buzz” von Emanuel Rosen.

Heute wird Virales Marketing von manchen Experten nicht mehr nur als reine Internetdisziplin verstanden, sondern gilt als Oberbegriff für eine Vielzahl von Techniken und Methoden, die zum Ziel haben, die Kommunikation der Kunden untereinander anzuregen, egal ob online, offline oder mobile. Andere Marketing Experten sehen Virales Marketing immer noch primär als reine Online Marketing-Disziplin an.

Thomas Zorbach, Mitbegründer und Geschäftsführer der vm-people[5], der ersten deutschen Spezialagentur für Viral Marketing, definiert Virales Marketing wie folgt:

„Virales Marketing ist die geplante und gezielte Stimulation von Kommunikation in sozialen Netzwerken, von Mund zu Mund, von Maus zu Maus oder von Mobile zu Mobile.“

---

[5] Weitere Infos: www.vm-people.de

Begriffe wie Buzz Marketing, Empfehlungsmarketing, Mundpropaganda oder Word of Mouth Marketing lassen sich alle der Familie des Viral Marketing zuordnen. Unterschiede lassen sich eigentlich nur in einigen Details festmachen. So spricht man zum Beispiel vornehmlich von Mundpropaganda, wenn zwei oder wenige Konsumenten ihre Meinung über ein Produkt oder eine Dienstleistung austauschen, wohingegen Viral & Buzz Marketing eher auf eine schnelle und exponentielle Verbreitung von Informationen setzt, wobei sich der Werbetreibende an eine ganze Zielgruppe und nicht an einzelne, wenige Adressaten wendet. Der Begriff „Buzz Marketing“ hat insbesondere aufgrund der englischen Übersetzung „Buzz = Gerede“ die gleiche Bedeutung wie Viral Marketing, ist aber in Nordamerika und Großbritannien gebräuchlicher als in Deutschland.

Doch wie und warum funktioniert Viral Marketing?

Rund 70% aller Kaufentscheidungen werden von Freunden, Bekannten und Kollegen beeinflusst, egal ob es sich um Urlaubsziele, Autos, Handys, den Zahnarzt oder Mode handelt. Viral Marketing baut genau auf diese Mechanismen auf. Jeder Mensch ist in ein ganz bestimmtes soziales Netzwerk integriert. Informationen und Empfehlungen, die innerhalb dieses Netzwerkes verschickt werden, basieren auf einem erhöhten Vertrauensindex. Wurden früher die Empfehlungen und Informationen noch von Angesicht zu Angesicht weitergegeben, so kann das Internet die Verbreitung und Wirkung dieser Botschaften noch um ein Vielfaches potenzieren. In Deutschland nutzt bereits jeder zweite das Netz. Kein Medium eignet sich besser, um Informationen in kurzer Zeit zu verteilen. Immer beliebter werden in diesem Zusammenhang Viral- bzw. e-Spots. Diese Online-Videoclips gehören zu den erfolgreichsten Methoden des viralen Marketings. Wichtig ist, dass die Spots polarisieren und vom Internet-Publikum als empfehlenswert angesehen werden. Humor, Schock- und Überraschungseffekte bringen am schnellsten epidemische Ausbreitung. Damit eine Kampagne zum echten Virus wird, bedarf es neben dem eigentlichen Inhalt auch eines richtigen Anstoßes bei geeigneten Überträgern (spezielle Zielgruppen, Portale, Blogs, Foren etc.). Hinzu kommen noch formelle Kriterien, wie die Dateigröße oder Dateiart. Viral-Clips stellen eine interessante und vergleichsweise kostengünstige Alternative zu klassischen Fernsehspots dar.

Einer der erfolgreichsten Viral-Clips der letzten Jahre wurde von Ford exklusiv nur für das Internet produziert und nicht für das Werbefernsehen.

Den Spot findet man bei: www.theviralfactory.com.

Eine Taube sitzt friedlich auf einem Baum, irgendwo in einer englischen Kleinstadt. Darunter: ein geparktes Auto. Die Taube flattert los und nimmt Kurs auf den Wagen. Mitten im Landeanflug springt die Motorhaube auf und erwischt die Taube mit einer vollen Breitseite. Der Ford „Sportka“, so der Name des wehrhaften

Wagens, bleibt sauber. Die Taube dagegen liegt tödlich getroffen auf dem Asphalt. Der Spot dauerte keine 10 Sekunden.

Viral-Spot von Ford nur für das Internet

Mittlerweile hat sich Viral bzw. Buzz Marketing zu einer ernst zu nehmenden und effektiven Guerilla Marketing Waffe entwickelt. Sogar ein eigener internationaler Branchenverband, die „Viral & Buzz Marketing Association (VBMA) wurde gegründet, der durch ein Manifest deutlich die Rahmenbedingungen für Virales Marketing absteckt und ethische Standards definiert. Der Kunde empfiehlt Botschaften über ein Produkt nur weiter, wenn das Produkt für ihn einen wirklichen Wert darstellt. Der Verband setzt auf Viral Marketing, bei dem der Informationsempfänger Respekt und Aufmerksamkeit verdient. Zu fragwürdigen Marketingdisziplinen wie Spam oder Chatroom-Infiltration nimmt die VBMA deutlich Abstand. Viral Marketing hat nichts damit zu tun, dass absichtlich Lügen verbreitet werden oder Konsumenten absichtlich mit Infos penetriert werden. Virale Effekte müssen von selbst einsetzen, die Leute einladen, selbst aktiv zum Virus-Träger zu werden.

Firmen wie SpeedBit Ltd., Travelchannel oder Opodo beweisen, dass man auch mit ethischem Viral Marketing erfolgreich werben kann. Travelchannel setzte auf spezielle Web-Spots, die an Freunde weitergeleitet werden konnten und somit das Kampagnen-Thema *„Schluss mit Urlaub zu Hause! Reise deine Träume mit Travelchannel.de"* erfolgreich verbreitete. Opodo präsentierte eine Webseite mit einem Urlaubs MMS-Service. Dieser ermöglichte die kostenlose Umwandlung von MMS-Fotos in e-Mails. Darüber hinaus gab es noch einen personalisierten Bildschirmschoner, der die Tage bis zum nächsten Urlaub zählt. Der Download Accelerator Plus (DAP) von SpeedBit Ltd. wurde nur durch Viral Marketing populär und ist heute mit rund 100 Mio. registrierten Usern der erfolgreichste Download-Manager der Welt.

Virales Marketing ist mittlerweile messbar geworden. Gut so! Denn hinter den Werbebudgets steht immer noch die Frage nach der Wirtschaftlichkeit. Die technischen

Möglichkeiten e-Mails oder Websites zu tracken, sind in den letzten Jahren stark gewachsen. Galt virales Marketing vor ein paar Jahren noch als „unberechenbar“, ist es heute mit einfachen Mitteln möglich virale Kampagnen, speziell Viral-Clips, zu planen und zu kontrollieren. Die bislang fehlenden Informationen zu Nutzerzahlen, Nutzerverhalten, Nutzerverteilung, losgelöst von einer Landing Page, ließen wichtige Schlussfolgerungen nicht zu. Die reine Erfassung von Visits und Downloads auf einer Landing Page reicht auch nicht aus.

Ein Media Tool namens „Online Video Tracking (OVT)“ beispielsweise zeigt eine interessante Verbreitungscharakteristik von Viral-Kampagnen auf. Nur etwa 10 % der erreichten Internetnutzer greifen auf die Heimatadresse eines Clips zurück, die anderen 90 % erfolgen über die Weitergabe per e-Mail. Diese 90 % der User blieben bisher für den Werbetreibenden anonym.

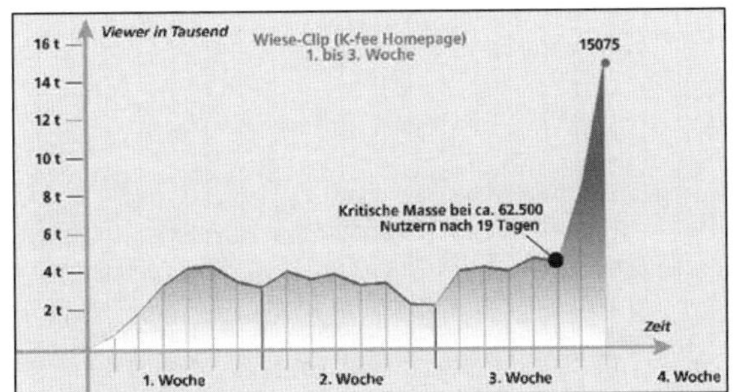

Wann werden Viral-Clips zum Virus?
Hier K-fee AG: ca. 62.500 Nutzern nach 19 Tagen

Weitere interessante Fragen blieben bisher unbeantwortet: Bei welcher kritischen Masse nimmt ein Clip einen epidemischen Verlauf? Wie hoch ist die Response-Rate? Welche geografische Ausprägung bringt die Erfolgsmessung zu Tage? OVT ist ein System, das diese Daten für einen e-Mail Anhang erheben kann. Dabei spielt es keine Rolle, ob der Inhalt umbenannt oder auf einen externen Datenträger gespeichert wird.

Also worauf warten Sie noch? Infizieren Sie Ihre Zielgruppen durch Virales Marketing!

9. Sensation Marketing

Einmalig aufregend

Die Faszination von Guerilla Sensation Marketing besteht darin, dem Publikum bzw. dem Konsumenten stets etwas Außergewöhnliches und Besonderes zu bieten. Guerilla Sensation Aktionen finden in den meisten Fällen im Out of Home-Bereich statt, an Ballungspunkten, an denen große Besucherströme anzutreffen sind, und so ein breites Publikum angesprochen werden kann. So sind zum Beispiel Fußgängerzonen, Markt- und Veranstaltungsplätze, Bahnhöfe, U-Bahnen oder Einkaufszentren beliebte Schauplätze für Guerilla Sensation. Da sehr viele Aktionen im Out of Home-Bereich stattfinden, ist die Nähe zu den Ambient Medien unverkennbar. Daher spricht man gelegentlich bei Guerilla Sensation Kampagnen auch von Ambient Stunt Aktionen.

Der große Unterschied zu Ambient Medien besteht darin, dass Guerilla Sensation Aktionen in der Regel einmalig und nicht wiederholbar durchführbar sind, sowie Erfolgsfaktoren nicht sehr präzise planbar bzw. abzuschätzen sind (z.B. Reichweite, Anzahl der Kontakte etc.). Ambient Medien hingegen können immer wieder gebucht werden. Auch Planungssicherheit durch Transparenz der buchbaren Medien und entsprechende Erfahrungswerte hinsichtlich der Erfolgsaussichten sind bei Ambient Medien gegeben. Im Gegensatz zum Einsatz von Ambient Medien zielt eine Guerilla Sensation Aktion flankierend immer zusätzlich darauf ab, dass auch die Medien mit integriert werden und auf die Aktion aufmerksam werden. Denn von einer wirklich gelungenen Guerilla Aktion kann man nur sprechen, wenn zusätzlich zu einer spektakulären Kampagne auch noch viele Medien (TV, Radio, Print, Online) darüber berichten – kostenlos versteht sich. Werbung wird somit nicht als Störenfried wahrgenommen, sondern als echtes Erlebnis, über das man spricht.

Zum warm werden zeigen drei Beispiele wie man Autos richtig in Szene setzt:

Kampagne am Flughafen Hamburg

So wirbt man für eine funktionierende Klimaanlage beim Polo

NIKE: Die Kraft der Marke im Sport

Jeder kennt Metallica, Sportfreunde Stiller oder die Toten Hosen. Bei einer Guerilla Aktion im Rahmen eines Musik Festivals standen die Stars einmal nicht auf der Bühne, sondern wurden vom Publikum selbst mitgebracht. Coole Papp-Gitarren, gespendet von der Jeansmarke Lee.

Lee Jeans mit Papp-Gitarren in Concert

Das ultimative Fan-Gimmick wurde direkt im Festival Umfeld verteilt, am Bus, an der Strasse oder im Bereich der Warteschlange. Viele Papp-Gitarren Fans nahmen die Klampfen sogar mit nach Hause. Und wer keine der legendären Luftgitarren in Pappausführung ergattert hatte, bekam auf dem Festival-Gelände noch etwas geboten. Über den Köpfen der wartenden Menge kreiste ein Lee-Jeans Zeppelin, der darauf wartete eine originale Lee Jeans über der Menge abzuwerfen. Und zwar immer dann, sobald 500 SMS eingegangen sind, hieß es in einem Flyer, der vor Ort verteilt wurde.

Eine andere schön aufeinander abgestimmte Kampagne in mehreren Teilen ließ sich der Mobilfunkanbieter One einfallen. Hierbei dreht sich alles um einen Würfel Schrott, der ursprünglich ein Auto war. Im TV-Spot sieht man, wie es dazu kam. Ein altes Studentenauto wurde kurzerhand auf dem Autofriedhof zerkleinert und gepresst. Dann hört man ein Handy läuten und die Suche beginnt. Die Aktion wurde auch im PR-Bereich aufgegriffen. Das Autowrack des TV-Spots wurde für 24 Stunden vor der One World Zentrale in Wien platziert. Passanten, welche die Rufnummer 0699-1262-6136 anriefen, brachten das Autowrack zum Klingeln.

Klingelndes Autowrack in Wien.

Bügeleisenhersteller Rowenta veranstaltete in New York City eine aufmerksamkeitsstarke Extrembügel-Aktion, über die sogar der TV-Sender Fox-News berichtete.

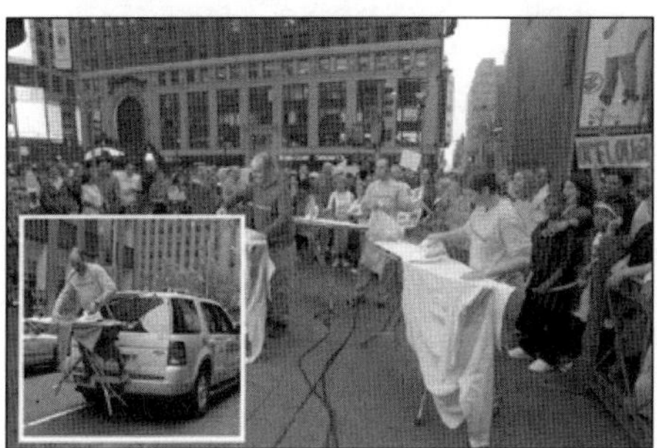

Extrembügeln in New York City

Bleiben wir noch eine Weile in den USA. In Los Angeles und New York machte Nissan mit einer sehr außergewöhnlichen Kampagne auf sich aufmerksam. Um auf das neue heiße Modell Maxima aufmerksam zu machen arrangierte man die Umgebung so als ob das Auto sie hat schmelzen lassen.

Heißes Modell von Nissan in Szene gesetzt.

Manchmal sind Guerilla Sensation Kampagnen nicht lokal fixiert. Gute Ideen lassen sich eben hin und wieder auch bewegen. So wurde für die Marke Nivea Sun Selbstbräunungsspray ein blasses Taxi in ein braungebranntes Taxi verwandelt. Oder IKEA schickte mobile Schlafzimmer durch die Ortschaften um auf sich aufmerksam zu machen.

IKEA mit mobilem Schlafzimmer

Ein wirklich „Großer" auf der Guerilla-Bühne ist der MINI. Nach 35 Jahren Abwesenheit erfolgte 2002 die Wiedereinführung des MINI. Der Verkauf des berühmten britischen Klassikers wurde im Jahre 1999 eingestellt. Erfolgreich wurde die Wiedereinführung durch die Kombination der außerordentlichen Anziehungskraft des MINI und den innovativen Guerilla Marketing Kampagnen. Schon innerhalb der ersten sechs Monate nach Markteinführung in den USA konnten die Absatzzahlen des Vorgängers, der in den sechziger Jahren acht Jahre lang in den USA verkauft wurde, übertroffen werden. Weltweit wurden sogar die optimistischsten Verkaufsprognosen weit übertroffen und mussten gar zweimal nach oben revidiert werden.

MINI: Ein kleiner Guerilla oben auf

Das Kommunikationsbudget für die Markteinführung in den USA war durchaus knapp bemessen, wodurch auf umfangreiche Guerilla Aktivitäten zurückgegriffen wurde. So fuhren in allen US-Metropolen Geländewagen mit einem MINI statt den sonst üblichen Sportgeräten auf dem Dach herum. Auch Playboyleser mussten dem Guerilla Marketing Tribut zollen. So musste das Ausklapp-Model in der Heftmitte dem kleinen Flitzer ausnahmslos weichen. Beliebt war auch die Platzierung des MINI im Publikum bei diversen Großsportveranstaltungen in den USA. Und vor dem Hintergrund, dass der MINI sehr klein und leicht zu parken ist, wurde das Automobil an Parkhäusern befestigt oder als gutes altes „Matchbox-Auto“ an Ballungs-Zentren platziert. MINI ist eben als Guerilla ein wirklich ganz Großer!

Wie parkt man einen MINI?

Ich kaufe mir ein kleines Auto

10. Guerilla Mobile und Business Blogs

Trends im Aufwind

Mobile Marketing und Blogs sind zwei Trends, die im Aufwind sind und in den nächsten Jahren deutlich an Bedeutung hinzugewinnen werden. Pfiffige Guerillas sollten sich bereits jetzt schon einmal mit den beiden Phänomenen auseinander setzten.

Mit einer Guerilla Mobile Marketing Kampagne für Twentieth Century Fox hat das Unternehmen doc brown[6], spezialisiert auf Guerilla Mobile Aktionen, den Kino Thriller „Hide and Seek“ mit Robert de Niro mobil gepuscht. Ca. 100.000 horroraffine, junge Menschen wurden von einer SMS mit folgendem Inhalt überrascht:

> *„Dreh dich doch mal um...“*

Nach verwunderten Blicken und dem Inspizieren der Umgebung folgte die Auflösung. Scrollt man nämlich etwas nach unten erscheint der ganze Text der SMS:

> *„Du siehst mich nicht! Ich hab mich versteckt. HIDE AND SEEK, der Horrorthriller jetzt im Kino. www.fox.de“*

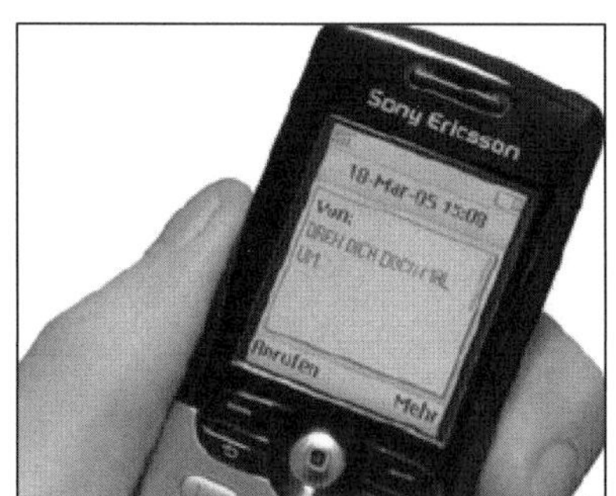

Guerilla Mobile: Überraschung per SMS

Die Kampagne war ein Volltreffer. Viele der jungen User nutzten die SMS, um Freunde hinters Licht zu führen und gleichzeitig auf den Kinofilm hinzuweisen. So lag die Zahl der generierten Kontakte deutlich höher als die 100.000 ausgesendeten SMS. Die Werbebotschaft kam durch die Hintertür und hat überrascht. Aufmerksamkeit!

Zwar wurden im Jahr 2004 in Deutschland rund 30 Mrd. SMS versand, das entspricht rund 38 SMS pro Nutzer und Monat, doch ist SMS als Klassiker nur ein Tool, das zum Einsatz kommt. Dienste wie MMS, Infrarot und Bluetooth versprechen ungeahnte Möglichkeiten. Kostenlose Übertragung mobiler Inhalte von Nutzer zu Nutzer oder mit Hilfe von Bluetooth-Beamzonen von Unternehmen an Kunden, der

---

6 Weitere Infos: www.doc-brown.biz

Versand von Bild-, Ton und Videonachrichten (zum Beispiel Viral-Clips), Logos, Klingeltöne per Premium MMS, das alles bietet Mobil Marketing.

Da 2005 schon mehr als 80 % der Bundesbürger über ein Mobiltelefon verfügten, davon über 17 Mio. Kamerahandys, und die Marktforscher von Forrester Research davon ausgehen, dass bis 2010 die mobil versandten Text-, Bild- und Videonachrichten europaweit von 144 Mrd. auf 277 Mrd. anwachsen, werden Guerillas diese Waffe verstärkt in ihr Waffenarsenal aufnehmen.

So setzt zum Beispiel der fränkische Schreibgeräte-Hersteller Stabilo auf die Handy-Begeisterung seiner jungen Zielgruppe. Vom 01. Mai 2005 bis zum 30 November 2005 lagen beim Kauf von Stabilo-Produkten einmalig nutzbare Codes bei. Schickt man die Code-Kombination per SMS ein, folgt kostenlos ein Comic-Wallpaper für das Handy. Auf der Online-Webseite konnten Fans ihr eigenes Talent erproben und selbst Comics gestalten. Weitere Beispiele für gelungene Mobile Marketing Aktionen existieren zuhauf.

Mobile Aktionen lassen sich auch gut mit anderen Guerilla Techniken kombinieren, wie z. B. mit Sensation Guerilla Aktionen oder Blogs. So YOC und das Schicksal eines Porsche 911. Im Sommer 2001 wurde das Fahrzeug an einem Kran befestigt und 50 Meter hoch in den Himmel gehievt. Über das Schicksal der Luxuskarosse ließ das Unternehmen YOC per Handy entscheiden. Der Aufprall auf den harten Asphalt deformierte das Fahrzeug erheblich. Den Kosten für den Porsche standen zahlreiche kostenlose Werbeminuten in Funk und Fernsehen, sowie Reportagen in der Presse gegenüber. Und noch heute wird in Guerilla Kreisen immer wieder gerne auf diese spektakuläre Guerilla Aktion hingewiesen.

Mobile und Sensation Guerilla Hand in Hand

Web-Tagebücher, so genannte Blogs, lassen sich per Handy auch mobil mit Inhalten füttern. Gerne spricht man dann hier von Moblogs. Google hat dazu einen Dienst gestartet, mit dem man per Handy auf der Weblog-Seite blogger.com eigene Weblogs anlegen und mit Inhalten füttern kann. Neu sind Moblogs nicht. Seit 2004 gibt es die von Philip Kaplan gegründete Website Mobog, auf der man Bilder vom Kamerahandy veröffentlichen kann. Auch der Handy-Hersteller Nokia hat den Trend erkannt und sein Multimedia-Smartphone 7710 mit einem Moblog-Client ausgerüstet.

Weblogs sind spezielle Online-Tagebücher, die regelmäßig aktualisiert werden, häufig mit kurzen Beiträgen und Kommunikationsmöglichkeiten für die Leser. Richtig eingesetzt stellen Blogs für Guerillas eine neue Kommunikationsform mit erheblicher Sprengkraft dar. Blogs sind längst fester Bestandteil der Online-Kultur geworden. Alleine in Amerika lesen rund 32 Mio. Menschen regelmäßig Blogs. Im deutschsprachigen Raum soll es rund 70.000 Weblogs geben, in den USA gar mehr als 7 Mio., Tendenz steigend. Gebloggt wird über jegliches Thema, vom Wetter über private Urlaube, Politik und Sport. Auch immer mehr Unternehmen entdecken „Business Blogs“ für sich. Mit wenig Budget lassen sich Blogs auf die Beine stellen und verleihen dem Unternehmen ein Gesicht bzw. eine eigene Persönlichkeit und fördern den authentischen Dialog mit dem Kunden. Weblogs sorgen zusätzlich für ein positives Image, denn sie schaffen Transparenz. Hinzu kommt noch, dass Blogs auch bei Suchmaschinen sehr beliebt sind und bei Google ganz vorn aufgeführt werden. Eine interessante Möglichkeit sich so auch in den einschlägigen Suchmaschinen auf die „Top-Position“ zu katapultieren. Wichtig ist, dass es gelingt, die Weblog-Community, die so genannte Blogosphäre, für den eigenen Blog zu begeistern. Google und Co. bewerten schließlich unter anderem anhand der Anzahl der Links, die auf eine Internetseite verweisen. Durch die intensive Vernetzung der Blogger verbreiten sich Nachrichten rasend schnell. Man verlinkt sich gegenseitig, rezensiert, zitiert und kommentiert.

Natürlich bergen Weblogs auch Risiken. So können Blogs schnell eine ungewünschte Eigendynamik entwickeln und außer Kontrolle geraten. Das wirkt sich nicht selten negativ auf das Unternehmen aus. Zudem können Blogs von Unternehmen, die sich nicht an bestimmte Regeln halten, in der Blogosphäre schnell ins Abseits geraten, dann zum Beispiel, wenn sich Ghostwriter für das Top-Management in der medialen PR-Welt betätigen. Auch auf Beeinflussungs- und Irreführungsversuche reagieren Blogger allergisch. Vielen Blogs geht auch schnell die Puste aus, wodurch sich fehlende Aktualität negativ auf das Marken-Image auswirkt.

Ziel sollte immer sein, mit den Bloggern in Dialog zu treten. Sie sollten aktiv zu einem Feedback über die Produkte und Dienstleistungen aufgefordert werden. Einige Unternehmen, wie beispielsweise Sun Microsystems, Microsoft, General Motors oder Boing, setzten bereits Blogs ein, um mit ihren Zielgruppen zu kommunizieren. Der Boing Blog von Marketingchef Randy Baseler kam in der Blogosphäre nicht sehr gut an, da er den Lesern keine Möglichkeit offerierte, Kommentare zu veröffentlichen, wohingegen General Motors auch kritische Leserstimmen zulässt. Microsoft ist es sogar gelungen, durch seinen ehrlichen Blog dem Konzern ein sympathisches Gesicht und ein Stück Glaubwürdigkeit zu geben.

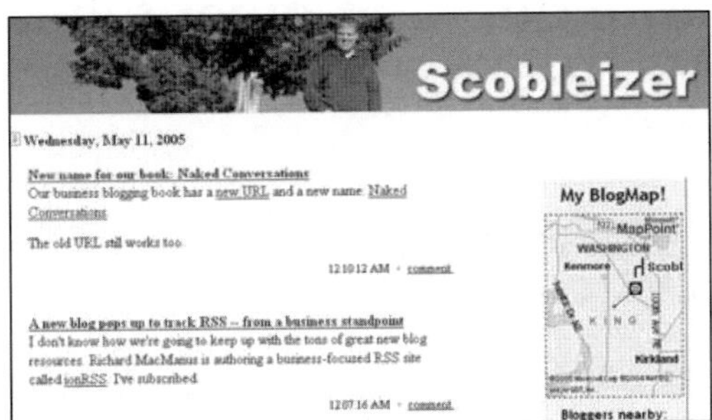

Scobleizer Blog von Microsoft schaffte viel Sympathie

Nokia nutzte Blogs auf eine andere Art und Weise für sich. Im Frühjahr 2004 hat Nokia das Fotohandy 3650 kostenlos an ausgewählte Blogger geschickt. Es dauerte nicht lange, bis in den jeweiligen Weblogs Erfahrungsberichte über das Handy und Fotos veröffentlicht wurden. Das Ergebnis kann sich sehen lassen. Die Blogs gehörten zeitweise zu den Top 15 Link-Verweisen der Nokia 3650-Microsite.

Wenn Sie sich für Blogs interessieren, und speziell für Themen wie Marketing und Werbung, empfehlen wir Ihnen die beiden Blogs werbeblogger.de und guerilla-marketing-blog.de. Mit diesen spannenden Blogs als Startbasis erhalten Sie einen wunderbaren Einstieg.

11. Chat und Forum Attack

Schlachtfeld Online-Treffpunkt

Sie wollen sich ein neues Handy kaufen und vorab im Internet informieren. Sie gelangen über Google zu einem Fachportal für Handys- und Zubehör. Im Forum des Handy-Fachportals stöbern Sie durch die Themenlisten und Beiträge. Hierbei fällt Ihnen auf, dass immer wieder ein bestimmtes Handy von Nokia genannt wird. „Mensch, die anderen User hier reden nur Gutes über das Ding“. Ihre Kaufentscheidung ist versteckt beeinflusst worden. Sie sind unbewusst Opfer professioneller Werber im Netz geworden.

Diese Form des heimlichen Marketings wird als Chat Attack, Forum Attack oder manchmal auch als Forum Spamming bezeichnet. Hierbei schmuggeln sich professionelle Werber in Diskussionsforen ein, diskutieren in Chat-Rooms, antworten in Blogs und nutzen Gästebücher für Ihre eigenen Zwecke aus, um Schleichwerbung zu betreiben. Ein Trend, der immer häufiger zu finden ist und bei weitem kein Einzelfall mehr ist. Es gibt mittlerweile Anbieter, die sich auf diese Art der Schleich-Promotion spezialisiert haben.

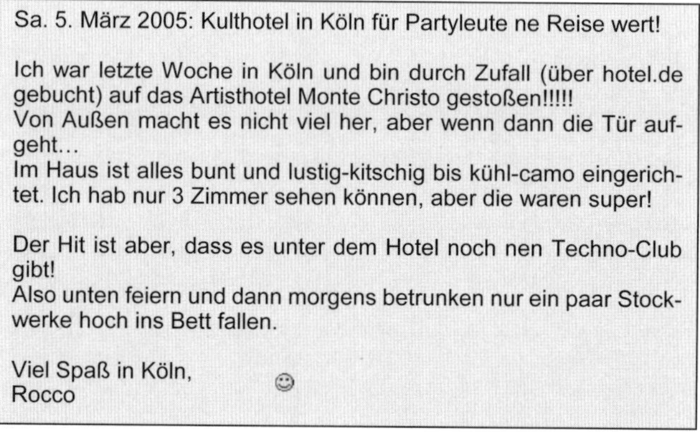
Sa. 5. März 2005: Kulthotel in Köln für Partyleute ne Reise wert!

Ich war letzte Woche in Köln und bin durch Zufall (über hotel.de gebucht) auf das Artisthotel Monte Christo gestoßen!!!!!
Von Außen macht es nicht viel her, aber wenn dann die Tür aufgeht…
Im Haus ist alles bunt und lustig-kitschig bis kühl-camo eingerichtet. Ich hab nur 3 Zimmer sehen können, aber die waren super!

Der Hit ist aber, dass es unter dem Hotel noch nen Techno-Club gibt!
Also unten feiern und dann morgens betrunken nur ein paar Stockwerke hoch ins Bett fallen.

Viel Spaß in Köln, ☺
Rocco

Beispiel für Forum-Attack: Hotel für Techno-Fans in Köln Veröffentlicht in einem Reiseportal für junge Leute.

Die Forum und Chat Attacker sind in der Regel sehr gut geschulte und vorbereitete Guerilla Marketeers, die nicht nach dem Zufallsprinzip arbeiten. Die Forum Attacker arbeiten nach geplanten Redemanuskripten und bestimmten Verhaltensregeln, mit unterschiedlichen und wechselnden IP-Adressen. Nicht selten treten so gleichzeitig mehrere unterschiedliche Identitäten in einem Forum, Chat oder Blog in Erscheinung und bewerben ein bestimmtes Produkt oder eine Dienstleistung. Bei gut geplanten Attacken treten auch nicht alle Attacker gleichzeitig auf, sondern ganz raffiniert über einen bestimmten Zeitraum verteilt. Das wirkt authentischer. Häufig startet man mit belanglosen Beiträgen, um so das Vertrauen der anderen User zu gewinnen. Dann wird plötzlich die Diskussion in eine gezielte Richtung gelenkt, um dann zum richtigen Zeitpunkt Schleichwerbung zu betreiben.

Durch diese Form des Marketings erreicht man viele Multiplikatoren und eine meist sehr zielgerichtete und segmentierte Zielgruppe in Fachforen. Die als normaler Beitrag getarnte Werbung wird meistens als persönliche Empfehlung von Gleichgesinnten oder vermeintlichen Fachexperten aufgefasst. Ein Unterschied zwischen einem normalen Beitrag und einer gezielten Werbeattacke ist oft nicht auszumachen. Genau das ist der besondere Reiz dieser Aufmerksamkeitserregung. Professionell durchgeführte Kampagnen sind sehr schwer aufzudecken und sehr effektiv.

Inhaber, Moderatoren und Webmaster von Webseiten, Portalen und Blogs reagieren schnell allergisch und verärgert, wenn nicht mit offen Karten gespielt wird und das eigene Forum oder der eigene Blog zu heimlichen Marketing- und Werbezwecken genutzt wird. Fliegt eine Forum Attack Aktion auf, so führt das oft zu einem Image- und Vertrauensverlust der beworbenen Marke.

Besonders wichtig ist die professionelle Vorgehensweise, sprich ein Redemanuskript, unterschiedliche und wechselnde IP-Adressen bzw. Identitäten, Zeitverzögerungen und die Nutzung themenrelevanter Online-Treffpunkte. Fachfremde Online-Treffpunkte sollten gemieden werden, was folgendes aufgeflogenes Beispiel verdeutlicht. So berichtet Forumsinhaber René Meyer:

Irgendwann ging Gaby allen auf die Nerven. Immer wieder schrieb sie Beiträge ins Mogelpower-Internetforum, das sonst nur Fans von Computer- und Videospielen nutzen. Alle Beiträge handelten von einem österreichischen Hersteller für Holzspielzeug. Das interessierte bei Mogelpower eigentlich niemanden so richtig. Trotzdem fand Gaby einige Gleichgesinnte, die allesamt auch sehr angetan von den hölzernen Spielsachen waren. Mogelpower Gründer René Meyer fand die fachfremde Begeisterung auf seiner Webseite merkwürdig. Er fand heraus, dass Gaby und die anderen Holzspielzeug-Freunde dieselbe Person waren. Alle Beiträge kamen aus der gleichen Gegend, von nur zwei verschiedenen Rechnern, erkennbar an den IP-Adressen der Autoren. Meyer, mittlerweile sehr verärgert über die Spielzeugfreunde, suchte auf anderen Webseiten, und auch dort hatte jemand Werbung für die Spielsachen aus Österreich gemacht.

Hier noch ein Beispiel einer Forum-Attack für Nordic Walking-Stöcke, die auf einem Fachportal für Nordic Walking durchgeführt wurde.

Do: 30.09.2004 Was ist mit EXEL los?

Hallo Miteinander,

habt Ihr auch das Gefühl das EXEL langsam aber sicher vom Markt verschwindet? Inzwischen werden EXEL Stöcke im Fachhandel schon für unter 40 Euro verschleudert. Auch die Teilnehmer an Kursen sowohl bei mir als auch bei befreundeten Trainern meiden inzwischen Exel-Stöcke wegen des Schlaufensystems. Alle anderen Hersteller verwenden Schlaufen die auch von Anfängern ohne Probleme oder Bedienungsanleitung verwendet werden können.
Was ist Eure Erfahrung?

Gruß
Detlef

Nordic Walking Stöcke: Marktführer Exel wird im Online Forum eines Nordic Walking Fachportals attackiert.

Fr: 01.10.2004 Exel und andere Anbieter

Ich glaube nicht Exel langsam vom Markt verschwindet. Allerdings verliert Exel seine Vormachtstellung. Andere Firmen in Deutschland holen auf und Exel ist auch nur noch ein Anbieter von vielen. Die Innovation geht heute auch eher von anderen Firmen aus und Exel hinkt etwas hinter anderen hinterher. Sicher ist der Exel Stock immer noch einer der besten, aber es gibt auch schon bessere Stöcke. Leki, Karhu oder Oneway haben hervorragende Stöcke, die viele auch gar nicht kennen.

Gruß aus Münster, Ulf

Ein zweiter User weißt geschickt auf andere Marken hin.

12. Waffen außerhalb der Kommunikation

Preis, Produkt und Distribution

Wir schreiben das Jahr 2004. Fußball Europameisterschaft in Portugal. Die deutsche Fußballnationalmannschaft tritt bei dem am 12. Juni beginnenden Turnier nur als Außenseiter an. Für die Elektronik-Kette Media Markt Grund genug, am 1. Juni eine ausgefallene Werbeaktion zu starten. Wer vor dem Fußballturnier einen Fernseher kaufte, erhielt sein Geld zurück, wenn Deutschland Europameister wird. Die Rechnung mit der Wette ging auf. Die Kunden wollten zocken und haben sich mit Fernsehern eingedeckt. In den rund 175 Media Markt Filialen in Deutschland gab es einen regelrechten Sturm auf die TV-Abteilungen. Deutschland schied vorzeitig aus. Media Markt machte die Verlierer zu Gewinnern, indem sie mit einer kostenlosen DVD überrascht wurden. 1 zu 0 für Media Markt!

Guerilla Marketing ist nicht nur ein weiteres Kommunikationsinstrument. Mit unkonventionellen und originellen Ideen, kann die Guerilla Strategie auch sehr effektiv auf die Bereiche Preis, Produkt und Distribution übertragen werden.

Ausgefallene Werbeaktion von Media-Markt

Auch zum Jahresbeginn 2005 konnten Media Markt und Saturn mit pfiffigen Preisaktionen auftrumpfen. Am 03.01.2005 verkündete Media Markt auf allen Kanälen, dass Deutschland an diesem Tag keine Mehrwertsteuer zahlt. Die Saturn-Märkte zogen mit der zweitägigen Aktion 100 Produkte zum Einkaufspreis nach. Was auf den ersten Blick wie der Auftakt zu einer Rabattschlacht daherkam, ist für viele Experten nur eine pfiffige Idee, um den unvermeidlichen Knick nach dem Weihnachtsgeschäft auszugleichen. Die Aktionen ließen die Kassen bei Media Markt und Saturn in diesen Tagen kräftig klingeln. Im Media Markt in Berlin Neukölln kam es an der Kasse zu Staus, in Mecklenburg-Vorpommern erschienen mehr Käufer als an einem Adventssamstag.

Bei solchen preispolitischen Aktionen spricht man in Guerilla Kreisen immer öfter von so genanntem „Guerilla Prizing". Dass der Preis heiß ist, zeigte in den 80er Jahren auch Drypers. Drypers, ein absoluter Newcomer im Markt für Babywindeln, griff den unangefochtenen Marktführer Procter & Gamble mit Billigwindeln an. Procter und Gamble reagierte erwartungsgemäß mit einer massiven Promotion Kampagne. In allen Regionen, in denen Drypers sein Produkt eingeführt hatte, gab Procter & Gamble Coupons im Wert von zwei US $ heraus. Im Vergleich zu den sonst üblichen 75 Cent pro Coupon war dies ein harter Gegenschlag. Eine entsprechende Coupon Gegenkampagne konnte sich Drypers nicht leisten. Also schaltete man Zeitungsanzeigen, in denen man den Verbrauchern anbot, die Procter & Gamble Coupons auch beim Kauf von Drypers Windeln einzulösen. Durch diesen genialen Schachzug legte Drypers innerhalb weniger Wochen 15 Prozentpunkte Marktanteil zu.

Außergewöhnliche Preisaktionen werden aber nicht nur von großen Unternehmen durchgeführt. Auch kleine und mittelständische Unternehmen haben den Reiz des Preises erkannt. Nach dem Motto *„Euro = Teuro in der Gastronomie ist alles Quatsch"* hatte ein Fuldaer Kneipier in der ersten Fuldaer Apfelwein Kneipe „Unterm Apfelbaum" am Dom festgelegt, dass die Gäste die Preise für Rhöner Spezialitäten im Glas und auf dem Teller selbst bestimmen durften.

Gäste bestimmten selbst die Preise

Die Bilanz: 72,4 Prozent der Gäste bezahlten für die regionalen Produkte mehr, als sie hätten zahlen müssen. Allerdings verhagelten die Minus-Zahler die Gesamtrechnung, denn unterm Strich war es, rein kaufmännisch gesehen, ein Zuschuss-Geschäft. Dennoch war es für das Image und den Bekanntheitsgrad eine mehr als erfolgreiche Aktion.

Die Kneipe war über die Grenzen Hessens hinaus in den Schlagzeilen. Es gab ein beachtliches Presseecho, von der Lokalzeitung und regionalen Hörfunksendern bis hin zu mehreren Fernsehberichten und natürlich im World Wide Web, wie etwa den Osthessen-News.

Auch in Sachen Distribution kann man durch originelle Ideen viel Aufmerksamkeit erregen. Ein ganz besonderer Geniestreich in Sachen Warenlieferung bzw. Distribution ist dem Weltbild Verlag gelungen. Im Zusammenhang mit dem sehr beliebten und erfolgreichen Harry Potter Buch „Der Orden des Phoenix" (Band 5) konnten Käufer des Buches eine bis dato einmalige Blitz-Zustellung zur Geisterstunde in Anspruch nehmen, da viele Leser es gar nicht abwarten konnten, den neuen Harry Potter Band in den Händen zu halten.

Harry Potter:
Blitzzustellung zur Geisterstunde

Das Buch konnte ab dem 08.11.2003 offiziell im Handel gekauft werden. Bei Weltbild per Blitzzustellung zur Geisterstunde in der Nacht vom 7./8.11.2003 zwischen 0:00 und 2:00 Uhr. Durch diesen Service, (Lieferung durch Deutsche Post), gehörten Weltbild-Kunden zu den Ersten, die dieses Buch in den Händen hielten. Natürlich kauften viele Fans das Buch über Weltbild. Die Blitzzustellung war nicht teurer als die normale Zustellung.

Honda startete in den 60er Jahren den Markteinstieg in den USA im Fahrradfachhandel und baute später eine eigene Kette auf. Im Bike Geschäft hätte der Hersteller keine Chance gehabt. Hier beherrschte bereits Harley Davidson und Triumph den Markt. Die wiederum waren im Fahrradfachhandel gar nicht vertreten. Geniale Guerilla Distributing Idee, den vergessenen Distributionskanal über den Fahrradfachhandel zu wählen.

Jeder kennt ihn, den spontanen Ballhunger nach einem harten und langen Tag im Büro oder wenn man gerade durch die Stadt schlendert. Nike hat für die Fußballhungrigen in Singapur den neuen Fußball-Snack-Automaten entdeckt. Einfach ein paar Münzen einwerfen und schon kann man mit dem runden Leder spielen.

Nike Fußball-Snack-Automat in Singapur

Die tägliche Abstimmung des Verbrauchers über Leben und Sterben einer Marke findet millionenfach am POS statt. Hier entscheidet sich in Sekunden, ob die Verpackung oder die Form des Produktes Neugier, Vertrauen und wirksame Verkaufsimpulse erzielt. Auffallen ist auch hier Trumpf.

Die dänische FAXE Brauerei wählte für die Markteinführung im deutschen Biermarkt Anfang der 90er Jahre die in Vergessenheit geratene Ein-Liter Dose und erschloss sich die Esso-Tankstellen als Absatzkanal.

Kennen Sie das Getränk „Russisches Roulette“? Das ungewöhnliche Produktkonzept fällt ins Auge und sorgt für Aufmerksamkeit. Die achteckige Form der Verpackung für die Miniaturfläschchen ähnelt einem Colt-Zylinder, die acht kleinen Vodkaflaschen darin erscheinen als Patronen. Die Kartonverpackung unterstreicht den Spaß-Faktor des Produkts. Kreativ wird die Möglichkeit genutzt, die Verpackung mit witzigen Pfänderspielaufgaben zu bedrucken, was den Unterhaltungswert des Produkts noch weiter steigert.

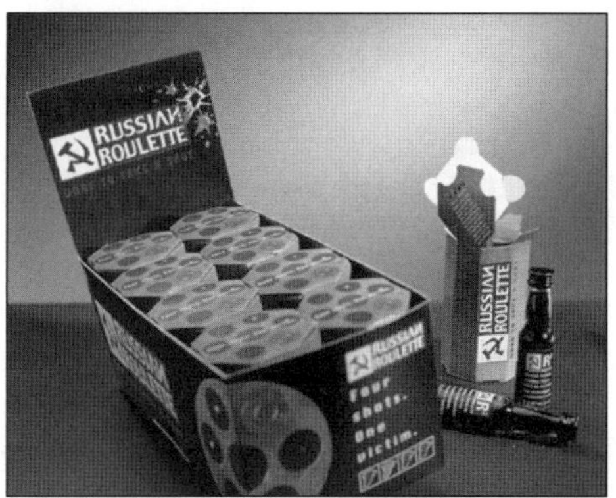

Kräftig laden mit Russian Roulette

Erfolgreich durch den Wirtschafts-Dschungel

Die Augenfänger beraten seit mehr als 12 Jahren in erster Linie kleine und mittelständische Unternehmen in den Bereichen Marketingstrategie, Low-Budget- bzw. Guerilla-Marketing, Local-Marketing, Public Relations und Promotions sowie Einzelpersonen auf dem Gebiet des EGO-Marketings.

Seit nunmehr 8 Jahren vermittelt Michael Böhm, der Gründer und Inhaber der Agentur, sein Know-how in offenen und geschlossenen Seminaren, Workshops und Vorträgen (u.a.: Management-Circle, BVMW, START-Messe, Wirtschaftsclub Düsseldorf, LIBRI-Campus, Börsenverein dDBH, WV-Vest)

Die aktuellen Veranstaltungstermine können Sie im Web einsehen.

Im Mai 2004 erschien das erste Buch unter dem Titel "Wie man mit schmalem Budget erfolgreich wirbt" (3-589-23603-5) im Cornelsen Scriptor Verlag. Die zahlreichen positiven Rezensionen in namhaften Fachmagazinen führten dazu, dass im Februar 2006 bereits die 2. Auflage unter dem neuen Titel "Erfolgreich werben mit schmalem Budget" in den Markt kommen wird.

Nach dem 2. Buch "EGO-Marketing, Ihre persönliche Erfolgsstrategie" (3-589-23410-5), erscheint im Februar 2006 ebenfalls in der POCKET BUSINESS Reihe des Cornelsen Verlages das neueste Buch von Michael Böhm mit dem Titel "Local Marketing, Den Kunden vor Ort gewinnen"(3-589-21948-3). Dieses Buch bietet vor allem Lösungsansätze und Impulse für KMUs.

Wir können Ihnen nicht abnehmen, Ihren Weg zu gehen.
Aber wir können Ihnen mit unsrem Know-how helfen,
Ihr Ziel zu erreichen!

Die Augenfänger
Michael Böhm
Weizenkamp 14
45701 Herten-Scherlebeck

Tel/Fax: 0700 28436323
eMail: blick@augenfaenger.de
Web: www.augenfaenger.de

13. Guerilla Marketing für KMU´s

Noch mehr Idee statt Budget

Kleinen und mittelständischen Unternehmen fehlt vielfach das nötige Geld, um Marketing- und Werbeaktionen durchzuführen. Marketing und Werbung funktionieren aber auch ohne gigantische Budgets. Eine kleine Auswahl an kreativen, kostengünstigen und unkonventionellen Guerilla Ideen für kleine und mittelständische Unternehmen liefert das folgende Kapitel des Buches. Vielleicht lässt sich die eine oder andere Idee ja auch auf Ihr Unternehmen übertragen? Denn ohne Marketing und Werbung geht es nicht.

Die Gelben Seiten

Unternehmen und Betriebe, die regional tätig sind, sollten sich zumindest einmal die Zeit nehmen, um einen Blick in die Gelben Seiten zu werfen. Dabei sollten Sie einen besonderen Fokus auf die dargestellten Rubriken werfen und darauf achten, welche Konkurrenzunternehmen sich hier wie präsentieren.

Die Gelben Seiten als Branchenverzeichnis

Lassen sich passende Rubriken wieder finden und die Konkurrenz ist nicht vertreten, sollte man die Chance nutzen und die Gelben Seiten als Werbemedium einsetzen. Jeder, der das Branchenverzeichnis als Auskunftsmedium nutzt, ist auf der Suche nach Hilfe und somit ein potentieller Kunde, der hier mit einer ganz bestimmten Absicht recherchiert. Gut zwei Drittel der Suchenden werden fündig und nehmen tatsächlich eine Ware oder Dienstleistung in Anspruch. Der Standardeintrag ist kostenlos und umfasst: Nach- und Vorname bzw. Firmenname, Titel, sowie Straße und Hausnummer mit Telefon- und einer Faxnummer.

Die Reichweite der Gelben Seiten ist nicht zu unterschätzen. So hat z. B. alleine das Verzeichnis für die Region Soest, Meschede, Siegen und Olpe eine Auflagenhöhe von 300.000. Deutschlandweit werden ca. 65 % der Bevölkerung erreicht. Hinzu kommt, dass alle Haushalte, Firmen und Behörden innerhalb eines Geltungsbereiches über den Zeitpunkt der Ausgabe informiert werden. Innerhalb des Ausgabenzeitraums können sie bei den Ausgabestellen die von ihnen benötigte Anzahl an Gelben Seiten kostenlos abholen.

Ist der Wettbewerb auch vertreten, so muss man sich wohl Kopf an Kopf mit ihm messen. Jetzt ist Differenzierung und Originalität gefragt. Man muss sich von der Masse abheben, zum Beispiel durch eine farbige, peppige Anzeige die auffällig ist. Wenn KMU´s in eine Anzeige Geld investieren möchten, dann wären die Gelben Seiten ein geeignetes Medium. Wichtig ist auch noch die Vermittlung von möglichst aussagekräftigen Informationen, einer Botschaft, die immer eine Problemlösung beinhaltet.

Die Kosten für eine Anzeige in den Gelben Seiten sind von Geltungsbereich zu Geltungsbereich unterschiedlich. Eine Anzeige erhält man in der Regel ab ca. 250 Euro. Hinweise zu Werbemöglichkeiten findet man in jedem Gelbe Seiten-Buch.

Visitenkarten leben länger

Die Wirkung und Nachhaltigkeit der Visitenkarte als Kontakt-Medium wird oft unterschätzt. Die Visitenkarte wird bei jedem Neukontakt immer als erstes überreicht. Und wie sagt man so schön: „Der erste Eindruck ist häufig entscheidend". Visitenkarten sind eines der langlebigsten Werbemittel, die existieren.

Gute Visitenkarten: Auf den Punkt gebracht

Die Visitenkarte von Guerillas verwandelt sich in eine Minibroschüre oder gar Überraschungskarte mit einer klaren und übersichtlichen Botschaft. Neben den üblichen Kontaktdaten kann die Nennung von Wettbewerbsvorteilen inkl. eines integrierten Fotos die Visitenkarte beleben und persönlicher wirken lassen.

Auffällig, aber einfach mit klarer Botschaft.

Eine Visitenkarte hat eine Vor- und eine Rückseite. Auch die Rückseite kann effektiv genutzt werden.

Versehen Sie die Visitenkarte z. B. mit einem Nummerncode, mit welchem man im Internet in einen geschützten Bereich kommt. So besucht der Kunde auch gleich Ihre Webseite. Visitenkarten, gleichzeitig eingesetzt als Gutschein für bestimmte Leistungen, überraschen auch immer wieder. Mini-CD´s in Visitenkartenform können dazu dienen, neben den Kontaktdaten auch gleich die aktuellen Firmeninfos zu überreichen.

Verkleidete Promotion-Teams

Was auffällt ist geil! Die Bundesbürger im Rhein-Main Gebiet kennen die Faszination „Karneval". Tolle und verrückte Verkleidungen, die zur Karnevalszeit das Kind im Manne oder in der Frau wecken. Doch was ist, wenn plötzlich im Hochsommer drei verkleidetet Pinguine auf einer Kirmes oder an einem verkaufsoffenen Sonntag in den Einkaufsstraßen auftauchen? Erstaunen auf breiter Front. Die Menschen sind überrascht und schauen hin.

Promotion Team bei der Arbeit!

Verkleidete Promotion-Teams sind unkonventionell und überraschen. Schickt man ein 2-3 Mann-Team los, sollten die Kostüme schon sehr originell sein, z. B. die schon angesprochenen Pinguine. Man kann aber auch auf die Faszination Menschenmenge setzen und ein Team mit 10 oder mehr Leuten losschicken. Hier reichen meistens auch schon auffällige T-Shirts, Kappen, Transparente oder Schilder, die mit der entsprechenden Werbe-Botschaft versehen sind. Die Promotion-Teams können auch noch Flyer verteilen. Dadurch wird die Effektivität der Guerilla Aktion noch einmal erhöht. Für die Durchführung einer Kampagne eignet sich jeder, der in ein Kostüm oder ein T-Shirt passt. Das können Freunde und Bekannte sein oder ein örtlicher Verein, der sich ein kleines Taschengeld für die nächste Weihnachtsfeier verdienen möchte. Studenten und Schüler lassen sich für wenig Geld schnell für Kampagnen gewinnen. Fragen Sie bei den Schulen oder den Studentenwerken nach.

100 Studenten auf Kölner Weihnachtsmarkt im Einsatz

Kinowerbung

Für kleine und mittelständische Unternehmen mit einer regionalen oder lokalen Zielgruppenorientierung, wie zum Beispiel Autohäuser, Banken, Blumenläden, Versicherungsmakler oder Restaurants, ist auch die Kinowerbung ein interessantes Werbemedium.

Welche Altersgruppe geht am häufigsten ins Kino? Die Teenager? Falsch! In Deutschland sind die 30-39-Jährigen die wahren Kino Freaks. An zweiter Stelle folgen die 40-49-Jährigen. Also zwei Altersgruppen, die eine attraktive Kaufkraft besitzen. Intensive Kinogänger zeichnen sich durch ein überdurchschnittlich hohes Bildungsniveau und Haushaltseinkommen aus, so eine Untersuchung der FFA Filmförderungsanstalt Berlin.

Angesichts der interessanten und meist schwer erreichbaren Zielgruppen, die sich regelmäßig in die Lichtspielhäuser begeben, wäre es eigentlich schade, wenn Kinowerbung weiterhin eine Domäne der Eis- und Zigarettenindustrie bleiben würde.

Erlebniswelt Schaufenster

Schaufenster sind ein wichtiges Kommunikationsinstrument von Einzelhändlern und Dienstleistern. Ihre Bedeutung für die Kaufentscheidung von Konsumenten wird jedoch bislang unterschätzt. Je positiver ein Passant ein Schaufenster bewertet, desto höher sind seine Kaufbereitschaft, die beabsichtigte Einkaufszeit und der Kaufbetrag, den der Kunde in dem Geschäft auszugeben bereit ist. Die erste Stufe besteht darin, das Schaufenster kreativ, interessant und klar strukturiert zu gestalten, regelmäßig etwas zu ändern oder Bewegungselemente im Schaufenster zu platzieren.

Sind die Elemente der ersten Stufe beachtet worden, so kann von Fall zu Fall ein Überraschungseffekt eingebaut werden. Der Effekt muss aber zur Marke passen, die ja schlussendlich auch verkauft werden will. Menschentrauben vor den Schaufenstern sorgen nämlich noch lange nicht für mehr Verkäufe bzw. Umsatz.

Eine Tierhandlung hat z. B. eine regelrechte Kaninchen-Erlebniswelt im Schaufenster aufgebaut, was dazu führte, dass immer wieder Kinder staunend vor der Tierhandlung standen, um minutenlang die Tiere zu beobachten. So ein Kaninchen macht sich auch zu Hause nicht schlecht. Oder ein Reisebüro, das sein Schaufenster in eine Südsee-Insel mit Palmen, Sand, Liegestuhl und einmal die Woche mit einer braun gebrannten Dame ausstattet, sorgte dafür, dass die Reiselust deutlich gesteigert wurde. In beiden Fällen griff auch die örtliche Presse die originellen Inszenierungen der Schaufenster auf und berichtete, was für zusätzliche Aufmerksamkeit und Kunden sorgte.

Damit die Gestaltung der Schaufenster nicht zu teuer wird, bieten eBay, Vereine, Hobbykünstler, der Sperrmüll oder kleine Projekte für Schulklassen und Kindergärten eine gute Abhilfe.

Gemalte Kunstwerke

Straßenbemalungen und andere Bemalungen sind recht schnell erstellt und fallen auf. Verwenden Sie aber Gestaltungsmittel, wie zum Beispiel Kreide, die auch wieder problemlos entfernt werden können. Das ist sehr wichtig, wenn Bemalungen auf öffentlichen Straßen, Plätzen oder Wänden angebracht werden. Beachten Sie auch, dass die meist zuständigen Ordnungsämter die Angelegenheit nicht immer als „Spaß" aufnehmen und gerne Bußgelder verhängen. Bemalungen, die zu Verkehrsbeeinträchtigungen führen könnten, sollten erfahrungsgemäß vermieden werden. Das Risiko für die Autofahrer ist einfach zu groß und hier verwandeln sich die kommunalen Vertreter wirklich zu Scharfrichtern.

WWF Logo als Straßenbemalung

Erstellen Sie Logos, weisen Sie auf Sonderaktionen hin und versuchen Sie, dass die Presse über die kleinen Kunstwerke berichtet.

Zum Auftakt des FVW Kongress Zukunft in Köln wartete die Fluggesellschaft Condor in Zusammenarbeit mit der Kölner Agentur conceptbakery mit einer Werbeaktion der etwas anderen Art auf.

Yeti auf Kurztrip in Köln?

In der Nacht vom 11. auf den 12. Oktober 2004 wurden Boden, Wände sowie Glasflächen an der Messe mit wieder abwaschbaren Werbebotschaften in Form von übergroßen Fußabdrücken oder Narrenkappen versehen. Die Aussage "Jede Jeck es anders, Condor es enmalisch" wird durch den Verweis auf das neue Angebot für Kurz- und Langstrecken untermauert: "Kurzfliegen ab 29 Euro, Langfliegen ab 99 Euro". Die Messebesucher zeigten sich am morgen überrascht und verweilten auf dem Weg zum Eingang, um Fußabdrücke und Narrenkappen eingehender zu betrachten.

Guerilla Werbebrief

Kunden und Interessenten werden heute von Werbebriefen regelrecht überflutet. In der Regel wandern 50-70 % aller Werbebriefe innerhalb von 20 Sekunden in den Papierkorb. Aber! Über 90 % aller Werbebriefe werden geöffnet. Die Neugier des Empfängers ist groß, da der Mensch von Natur aus immer auf der Suche nach einem Vorteil, nach einem Schnäppchen ist. Der potentielle Leser hat Angst einen Vorteil zu verpassen. Und genau hier liegt die Chance für einen Guerillero.

Was ist zu beachten:

- Persönliche Ansprache des Empfängers
- Klarer Vorteil muss auf den ersten Blick erkennbar sein
- Keep it simple and stupid
- Problemlösung anbieten

- Zauberworte verwenden: z. B. Vorteil, gratis, leicht
- Postskriptum mit einer Kernaussage versehen
- Gepflegte Kundendatenbank

Guerilla Tipps und Hinweise:

Das Porto ist beim Versenden der Werbebriefe Kostenfaktor Nr. 1. Achten Sie darauf, dass Massensendungen (ca. ab 50 Briefe) wesentlich günstiger verschickt werden können. Auskünfte hierzu erteilen die zuständigen Postämter.

Bei kleineren Auflagen sollten Sie es vermeiden, frei gestempelte Massendrucksachen oder Freiumschläge inkl. einer Frankiermaschine zu verwenden. Verwenden Sie lieber eine Sonderbriefmarke oder anstatt einer Briefmarke 3-5 Marken, die zusammen den gleichen Wert ergeben. Diese so genannte Briefmarkentaktik oder Sondermarkentaktik erhöht die Aufmerksamkeit und Reaktionsquote, bei gleichen Kosten.

Briefmarkentaktik: Mehrer Marken oder Sondermarke

Werbebrief-Aktionen ohne Antwortmöglichkeit sind verschwendetes Geld. Der Empfänger muss unbedingt zum Handeln animiert werden. Schaffen Sie ein Gefühl der Dringlichkeit und fordern Sie den Kunden zu einer sofortigen Reaktion auf. Hier bieten sich beigefügte Antwortfaxe oder Antwortkarten an. Eine Responsemöglichkeit per Telefon oder Internet ist für den Kunden zwar günstiger, aber nicht so effektiv wie Faxe und Postkarten. Responseraten lassen sich durch begleitende Gewinnspiele, Exklusivangebote oder Superschnäppchen deutlich steigern.

Auch der Zeitpunkt einer Briefaktion sollte gut überlegt sein. Im Allgemeinen gilt, je schlechter das Wetter, desto besser das Klima für Werbebriefe. Geeignete Monate sind in der Regel Januar, Februar und Oktober.

Noch ein abschließender Hinweis: Gehen Sie ihren Kunden mit Werbebriefen nicht auf die Nerven. Werbebriefe sollten nur gelegentlich verschickt werden.

Kostenlose Infoveranstaltungen

Kostenlose Informationsveranstaltungen sind Angebote, die gerne von Kunden in Anspruch genommen werden. Informationsveranstaltungen können Info- oder Vortragsabende sein, so zum Beispiel für Banken zum Thema „Geldanlage im Zeitalter des Internets“ oder für Fitness-Studios „Gesunde Ernährung“.

Ein „Tag der offenen Tür“ ist auch eine gern genutzte Möglichkeit sich zu präsentieren. Als sehr wirkungsvoll hat sich auch ein Info-Frühstück herausgestellt. Sowohl für die Neukundengewinnung, wie auch für die Pflege von Bestandskunden sind Veranstaltungen ein relativ kostengünstiges und wirkungsvolles Instrument. Kunden nutzen gerne diese kostenlosen Angebote um sich zu informieren. Vermittelt man nun Kompetenz und baut eine Vertrauensbasis zum Kunden auf, so hat man erfahrungsgemäß einen großen Schritt in Richtung neuer Kundschaft und zusätzlicher Verkäufe gemacht.

Ein kleiner Blumenladen aus dem Sauerland organisierte in den eigenen Räumlichkeiten eine Ausstellung zum Thema „Exotische Blumen Sauerland“. Das Interesse an der kostenlosen Ausstellung war sehr groß. Für mehrere Wochen kamen regelrechte Besucherströme in den Laden, örtliche Schulklassen besuchten die Ausstellung und die Presse berichtete. Als kleine Überraschung bekam jeder Besucher einen Gutschein, der innerhalb der nächsten 4 Wochen einzulösen war. Welch Zufall, dass kurz darauf der Valentinstag folgte und sehr viele Gutscheine im kleinen Blumenladen eingelöst wurden. Alleine der Umsatz zum Valentinstag konnte im Vergleich zum Vorjahr verdreifacht werden. Gelungene Aktion!

Wildplakatierung

Die Wildplakatierung an Bäumen, Zäunen, Elektro- und Telefonkästen, Hauswänden oder sonstigen Orten sind eine Option für kostengünstige Außenwerbung im Guerilla Format.

Wildplakatierung als günstige Außenwerbung

Plakatwerbung ist grundsätzlich gebühren- und anmeldepflichtig. So muss die Werbung bei den Kommunen angemeldet werden und ein Entgelt an Kommunen oder Werbeagenturen gezahlt werden, welche offizielle Werbeflächen anbieten. Das unbefugte Anbringen oder Anbringen lassen von Plakaten und gleichartigen Werbemitteln sowie jedes unbefugte Verunreinigen, Beschmieren, Bemalen, Bekleben oder Besprühen an bzw. von Verkehrsflächen und Anlagen sowie Bäumen ist im öffentlichen Raum verboten. Hält man sich nicht an dieses Verbot, kommt es vor, dass von den zuständigen Ordnungs- und Bezirksämtern, manchmal auch von privaten Personen, Unterlassungserklärungen und/oder Strafanzeigen ins Haus flattern. Ganz besonders in Großstädten wird gegen Wildplakatierung schonungslos vorgegangen, weshalb in diesen Ballungsräumen eine Plakatierung nicht unbedingt ratsam ist. In ländlichen Regionen oder Kleinstädten sind die Ordnungshüter in der Regel nicht so streng und nachtragend. Ein kleiner Tipp: Man sollte es nicht gleich übertreiben und eine halbe Kleinstadt tapezieren! Die Wildplakatierung darf nicht zu aufdringlich wirken.

Es gibt in Deutschland auch eine Vielzahl an Dienstleistern, die sich sogar auf die Wildplakatierung spezialisiert haben und diese Leistung mit einem vernünftigen Preis-Leistungs-Verhältnis anbieten.

Plakataktion für Puma in Stuttgart

Beispiel Puma: Die Guerilla-Spezialagentur webguerillas aus München inszenierte im Rahmen des Fußballländerspiels Deutschland gegen Italien in Stuttgart eine Guerilla Plakatierung für Puma. So wurden rund um die Stuttgarter Innenstadt mehr als 10.000 Schilder plakatiert und verteilt. Es wurden alle Zufahrtsstrassen zum Stadion berücksichtigt und sogar Vorfahrtsschilder mit der Puma Katze beklebt. Die Resonanz: Mehr als 55.000 Menschen haben die Aktion im und vor dem Stadion mitbekommen. Etwa 10,5 Mio. Menschen haben das Spiel im Fernsehen verfolgt zzgl. der Nachrichten der darauf folgenden Tage. Und: Puma und die Aktion waren Gesprächsthema in den Stuttgarter Kneipen. Punktsieg für Puma.

Radio bzw. Kino im Kopf

Radio-Werbung liegt im Trend. Radio-Werbung wird oftmals unterschätzt. Dabei kann Rundfunkwerbung für kleine und mittelständische Betriebe ein interessantes Werbemedium darstellen.

Kino im Kopf, schnelle Bekanntmachung von Aktionen und Promotionen, Erreichung einer breiten Zuhörer- bzw. potentiellen Kundschaft, kein „überblättern" möglich, Wiederholungseffekt, einprägsame klare Botschaften, große Aufmerksamkeit, das sind klare Vorteile pro Radiospot. Mit der richtigen Werbekampagne können Umsätze schnell gesteigert werden. Und das deutlich günstiger als vielleicht erwartet wird.

Der Preis eines Radiospots setzt sich zusammen aus der Produktion des Radiospots und dem Preis für das eigentliche Senden des Spots. Funkspots bei Regionalsendern werden schon ab ca. 150 Euro für einen 30 Sekunden Werbespot angeboten. Grundsätzlich richtet sich der Sendepreis nach der Anzahl der erreichbaren Hörer. So kostet z. B. in einer Großstadt mit einer breiten Zuhörerschaft die Sendezeit wesentlich mehr als in einer Kleinstadt oder in ländlichen Regionen mit weniger Hörern.

Der Preis für die Erstellung eines Radiospots hängt von der Ausstattung ab. Wie viele und welche Sprecher werden eingesetzt? Wird Archivmusik, gar keine Musik oder eine Jingle Produktion verwendet? Geräusche, Effekte? Je nach Umfang der Nutzungsrechte können sich die Produktionspreise auch noch unterscheiden. Die Rechte für eine bundesweite Ausstrahlung sind teurer als nur lokale Senderechte. Die Kosten für die Herstellung eines Spots mit einem Sprecher und Archivmusik sowie der entsprechende Text dazu beginnen für die lokale Nutzung bei ca. 350 Euro und gehen bis ca. 1.500 Euro für die nationale Nutzung. Generell hat jeder Radiosender einen qualifizierten Medienberater, an den man sich wenden kann. Erste Auskünfte über Werbemöglichkeiten und Preise liefern auch die entsprechenden Webseiten der Sender.

Werbefläche Lebewesen

Eine sehr auffallende Werbemöglichkeit stellen Lebewesen dar. Lebewesen können Menschen oder Tiere sein.

Ganz im Stile der Milka lila Kuh können Tiere an strategisch bedeutsamen Punkten wie Straßen und Ballungsräumen platziert werden. Diese Tiere werben per Aufschrift für Sonderaktionen, Rabattaktionen, neue Produkte oder einfach für die aktuelle Speisekarte.

Kärntner Land- und Hüttenwirt wirbt für seine Suppe

Inspiriert von einer lila Kuh hat ein Kärntner Land- und Hüttenwirt seine Kühe zur lebenden Speisekarte gemacht: Auf die Tiere sind in biologischer Farbe Schmankerln, die er in seiner Almhütte anbietet, gemalt. Die insgesamt sieben bemalten Kühe, die auf der Neugartenalm in 1.700 Meter Seehöhe auf der Gerlitze weideten, waren die Attraktion für Wanderer. Der Werbegag zeigte Wirkung. Viele Schaulustige kamen Kühe schauen und konsumierten natürlich auch bei dem kreativen Hüttenwirt.

Profi Flitzer im Einsatz

Die Firma Profi Flitzer aus der Hauptstadt Berlin macht Geschäfte mit Werbung auf nackter Haut per Bodypainting. Die Firma verfügt über Werbe-Models, die an prominenten Stellen zum Einsatz kommen.

Den Models werden per Bodypainting Werbesprüche und Logos auf die Haut gemalt. Ähnlich wie bei den bekannten Flitzern in den Fußballstadien ist ihnen Aufmerksamkeit gewiss.

Findige Guerillas sollten überlegen, Lebewesen als Werbeflächen mit in ihr Angriffsportfolio aufzunehmen.

Anzeigen nach Guerilla Art

Guerilla Marketing und klassische Anzeigen? Hoppla, bin ich jetzt im falschen Buch?

Die Ausgaben für klassische Anzeigen werden bei Guerillas auf ein Minimum reduziert. Anzeigen werden meistens nicht wirklich wahrgenommen und verschlingen Unsummen. Wenn immer möglich verzichten Guerillas auf die Schaltung von Anzeigen.

Sinnig ist die Investition im Einzelfall als Anzeige in den Gelben Seiten oder als Notwendigkeit für eine „gekaufte“ PR. Der Veröffentlichungswille von Redaktionen steigt nämlich überraschenderweise erheblich an, wenn man zeitgleich die Insertion einer kleinen Anzeige verkündet.

Manchmal kann eine Leserschaft exakt die eigene Zielgruppe darstellen, sprich eine Anzeigenschaltung ohne große Streuverluste ist möglich. Alternativen für eine günstigere Kommunikationsmaßnahme liegen nicht vor. Dann kann auch mal eine Anzeige geschaltet werden. Hier ist Wiederholung der Erfolgsfaktor. Da Anzeigenraum ja bekanntlich teuer ist, sollten Anzeigen von Guerillas klein aber auffällig sein. Schwarz-weiße Anzeigen reichen völlig aus, da auch Farbe teuer ist. Mehrere kleine Anzeigen auf einer Seite erhöhen den Aufmerksamkeitspegel ungemein und können sich sehr gut gegen große, farbige Konkurrenzanzeigen behaupten.

Guerilla Werbefax

Wer kennt das nicht. Täglicher Werbemüll belastet die e-Mail-Konten, wirklich wichtige Nachrichten werden mal „aus Versehen“ gelöscht. Die Spamfilter werden immer professioneller und effektiver. Werbung per Brief oder e-Mail landet bald vollautomatisch im Nirwana.

Eine alternative und kostengünstige Möglichkeit ist das Versenden von Faxen. Faxe müssen auf jeden Fall schon mal in die Hand genommen werden und werden somit in der Regel auch mindestens überflogen.

Besonders günstig ist das Verschicken von Faxen über das Internet. So hat zum Beispiel der Anbieter FAX.de eine clevere Software entwickelt, bei der Einzel- oder Massenfaxe problemlos über das Netz verschickt werden können. Für den Anwender ergeben sich dadurch erhebliche Kosteneinsparungen. Papierstau, leere Patronen, besetzte Leitungen und teure Wartung des Gerätes sind Schnee von gestern. Über eine spezielle Software kann aus jeder beliebigen Windows-Anwendung termingerecht gefaxt werden. Zusätzlich lassen sich auch einfach und problemlos die Fax-Adressen verwalten. Der Versandpreis je Faxseite beginnt ab 3,9 Cent und ist vergleichsweise rund 400% günstiger als eine Eigenversendung. Ansonsten gelten bei der Erstellung der Faxe generell die gleichen Grundsatzparameter wie bei den Guerilla Werbebriefen.

Flyering, Flugblatt

Ein sehr effektives Guerilla Marketing Instrument ist der Flyer oder das Flugblatt. Flyer sind in der Erstellung sehr billig und können sehr flexibel in Massen verteilt werden. Flyer können zum Beispiel bei Veranstaltungen, im Rahmen einer „Verkleidungsaktion", unter Scheibenwischern von Autos, als Auslage bei Tankstellen, in Fitnessstudios, in Schulen, bei Sportklubs oder in Restaurants und Imbissbuden verbreitet werden.

Guerilla PR

Tue Gutes und sprich darüber. Mache Guerilla und berichte darüber. Jede Guerilla Aktion sollte immer auch durch einen Pressebericht begleitet werden, denn Presseberichte sind kostenlos, glaubwürdig und effektiv zugleich. Die Presse ist immer auf der Suche nach coolen, spannenden und unkonventionellen Storys. Und Guerilla Marketing Aktionen sind unkonventionell, medienwirksam und cool. Das ist schon mal ein großer Vorteil, den man nutzen kann. Guerilla PR ist auch nicht unbedingt als eigene Waffe zu verstehen, sondern vielmehr als Kugel, die eine Waffe verlässt und sich in Richtung Ziel bewegt oder anders formuliert: „Die Kirsche auf der Torte".

Presseberichte können natürlich auch zu neuen Produkten, zum Unternehmen oder zu speziellen Ereignissen verfasst werden, unabhängig von der Durchführung einer Guerilla Marketing Aktion. Ein Pressebericht sollte Neuigkeiten enthalten, denn die Stärke der Medien sind Nachrichten, News. Das interessiert die Leserschaft.

Guerillas sollten ihre Pressearbeit nicht aus der Hand geben. Denn Sachverstand und Produktkenntnis liegen eindeutig im eigenen Unternehmen und nicht bei einer Agentur. Erfolgreiche Pressearbeit bedeutet nichts anderes als eine Einsparung von (Werbe-) Kosten und eine Erhöhung des Umsatzes ohne den Einsatz von Verkäufern. Und seine Verkaufsabteilung wird man ja auch nicht fremdvergeben, oder?

Verschicken Sie Pressemitteilungen immer mit Bildern und berücksichtigen Sie neben der üblichen Fachpresse auch die Tageszeitungen, die regionalen Zeitungen und die Online-Medien.

Eine Kombination von Pressemitteilung und kleiner begleitender Anzeige kann die Aufmerksamkeit noch erhöhen und den Veröffentlichungswillen bei den Redakteuren erheblich verbessern.

Gesucht: Schuhe mit Vergangenheit

Fußbekleidung erzählt Geschichten

„Der Mensch kommt zwar ohne Schuhe auf diese Welt und verlässt sie meistens auch wieder ohne Schuhe, doch in der Zwischenzeit zählt die Fußbekleidung zu den wichtigsten Begleitern des Menschen."

Genau diese Erkenntnis hat das Schuhhaus Böhmer zu einer Aktion rund um die Fußbekleidung angeregt. Gesucht werden Schube und entsprechende Geschichten. Auf einer DIN-A-4-Seite können die Bochumerinnen und Bochumer erzählen, was sie mit ihren Schuhen erlebt haben. Bis zum 30. November werden die entsprechenden Schube und ihre Geschichten im Schuhhaus Böhmer, Bongardstraße 20, erwartet.

Ab dem 3. Dezember wrden dann alle Exponate und natürlich die entsprechenden Geschichten in einem Schaufenster ausgestellt. Für die drei besten Stories gibt es Gutscheine über 150, 100 und 50 DM. Informationen dazu gibt es unter Ruf 0172 99 07 674.

Anzeige und PR als effektive Kombination

14. Strategie im Fokus

Strategisches Marketing clever und smart

Im Folgenden werden einige wichtige, ausgewählte strategische Guerilla Marketing Aspekte vorgestellt, die für eine nachhaltige Erfolgsausrichtung in Unternehmen von großer Bedeutung sein können. Es stehen hier keine hochtrabenden strategischen Konzepte zur Debatte, sondern vielmehr einfache, aber wirkungsvolle strategische Denkansätze.

10 Denkansätze, über die es sich nachzudenken lohnt:

- Marketing – Notwendigkeit & Wandelerscheinung
- Kriegsführung in der Marktnische
- Anders als der Wettbewerb erlaubt!
- Hyperwettbewerb & Antizyklisches Marketing
- David gegen Goliath
- Globalisierung mit Verantwortung
- Die Spinne im Netz
- Das Geniale liegt im Einfachen
- Kundenbeziehungen auf dem Prüfstand
- Den Trends auf der Spur

Marketing - Notwendigkeit & Wandelerscheinung

Haben Sie sich auch schon einmal die Frage gestellt, ob wir überhaupt Marketing brauchen? Welchen Zweck erfüllt es eigentlich? Ändert sich auch das Marketing in seinen scheinbar unerschütterlichen Manifesten?

Marketing wird es immer geben. Denn es läuft in der Wirtschaft darauf hinaus, dass es immer ein größeres Angebot für ein Gut gibt, als Kunden vorhanden sind. Somit kann Marketing Antworten darauf liefern, wie man den Wettbewerb und Abverkauf auf eine andere Grundlage als nur den Preis stellt. Marketing ist quasi für die Beschaffung der Kunden zuständig. Das Marketing muss für die Kunden echte Werte schaffen, einen Nutzen für den der Kunde bereit ist zu bezahlen. Hieraus leitete Marketing Koryphäe Philip Kotler eine sehr schöne Definition von Marketing ab:

Das Marketingmanagement ist die Kunst und die Wissenschaft, Zielmärkte auszuwählen und Kunden an sich zu binden, indem man ihnen hervorragende Werte anbietet, sie von deren Nutzen überzeugt und die Versprechen dann einhält. (Kotlers Marketing Guide 2004)

Marketing ist nicht nur eine Abteilung, in der bunte Werbeanzeigen und Prospekte entwickelt werden, Werbegeschenke ausgewählt und verschickt werden, hin und wieder Werbebriefe konzipiert werden und einmal im Jahr die traditionelle Kundenbefragung durchgeführt wird. Betrachtet man ein Unternehmen als lebenden Organismus, so ist Marketing das Herz, der Kopf und das Blut zugleich. Marketing bleibt nie so wie es ist. Es befindet sich in einem ständigen Wandel. Marketing kann man schnell lernen, aber es dauert lange um es zu beherrschen.

Das Marketing muss in Bezug auf Innovationen, Querdenken und Marktbearbeitung deutlich mehr Verantwortung übernehmen als bisher, insbesondere in den kleinen und mittelständischen Unternehmen. Traditionelle Marketing- und Werbeabteilungen müssen umdenken. Wettbewerbsvorteile lassen sich in Zukunft nur noch über herausragende Innovationen und Konzepte kreieren.

Neben den neuen Aufgaben, die das Marketing zu übernehmen hat, muss im Marketing auch ein neues Kostenbewusstsein Einzug erhalten. Marketing muss zum Wertelieferant werden, weg von den Vorwürfen, Marketing gebe Geld mit vollen Händen aus und basiert auf theoretischen Fundamenten. Das Marketing muss mehr Verständnis für seine Arbeit schaffen und wieder mehr Nähe im eigenen Unternehmen erzeugen. Die klassische Sicht des Marketing als ein Sammelsurium von Techniken und Instrumenten muss einer neuen Nüchternheit weichen. Damit geht auch eine gewisse Entzauberung des Marketing einher. Marketing Manager sind nicht mehr die mysteriösen Künstler und Hexer im Unternehmen, sondern müssen ihren praxisgerechten Beitrag zum Erfolg ebenso nachweisen wie Manager anderer Bereiche.

Kriegsführung in der Marktnische

Ein wichtiger strategischer Erfolgsfaktor ist für Guerilla Kämpfer das Auffinden und Verteidigen von Marktnischen. Guerilla Unternehmen zeichnen sich durch eine starke Fokussierung, Spezialisierung und Kompetenz in einer Marktnische aus. Speziell bei kleinen und mittelständischen Unternehmen sind Nischenmärkte dadurch gekennzeichnet, dass das Marktvolumen quantitativ nur sehr schwer zu erfassen ist und häufig nur subjektiv geschätzt werden kann. Diese Unbestimmtheit ist nicht unbedingt ein Nachteil. Es kann als eine Markteintrittsbarriere für andere Anbieter gesehen werden. Potentielle Markteinsteiger sind fast gar nicht in der Lage ein umfassendes Bild des Nischenmarktes zu kreieren und den Informations- und Erfahrungsvorsprung der „Alteingesessenen“ auszugleichen. Guerillas sind also lieber große Fische in kleinen Teichen, als kleine Fische in großen Teichen. Die kleinen Fische werden schnell von den größeren Fischen geschluckt.

Verteidigungs- Krieg	Angriffs- Krieg
Flanken- Krieg	Guerilla- Krieg

Strategisches Quadrat der Marketingkriegsführung (Quelle: Die Macht des Einfachen von Trout, Rivkin)

Die Marketingprofis Jack Trout und Steve Rivkin teilen die Marketingkriegsführung in vier Prinzipien ein. Marktführer, egal ob auf Massenmärkten oder Nischenmärkten, parieren umgehend jeden Vorstoß der Konkurrenz. Ein Angriffskrieg ist die Strategie für die Nummer zwei oder drei im Markt. Die Stärken des Gegners sind zu umgehen. Angriffe müssen gezielt an Schwachstellen der Konkurrenz ausgerichtet sein. Das Prinzip des Flankenkriegs zielt darauf ab, einen Vorstoß mit einer Innovation oder einer neuen Produktidee durchzuführen, ohne eine direkte Auseinandersetzung heraus zu fordern. So stieg zum Beispiel Red Bull mit einem völlig neuen Getränk in den Softdrinkmarkt ein. Guerillas bevorzugen, wie schon erwähnt, den Guerilla Krieg mit der Besetzung, starken Positionierung und Verteidigung von Marktnischen.

Wahre Meister für erfolgreiches Nischenmarketing sind die oft bei Experten erwähnten Hidden Champions. In seinem gleichnamigen Buch analysierte Prof. Hermann Simon die Erfolgsstrategien unbekannter Weltmarktführer. Die Hidden Champions sind Unternehmen wie Würth, Trumpf, Tetra, Heidelberger Druckmaschinen, Solarworld, Kärcher oder Haribo, die 70 bis 90 Prozent Weltmarktanteile halten und ihre eigenen Märkte meist weltweit dominieren. Neben der klaren Positionierung in einer Nische zeichnen sich diese Firmen dadurch aus, dass sie es vorziehen im Verborgenen zu agieren, Global Player mit beachtlichen Exportanteilen sind überwiegend Familienunternehmen. Prof. Simon zu den Hidden Champions:

Die Hidden Champions gehen ihren eigenen Weg. Sie machen fast alles anders als andere Unternehmen und als es populäre Management-Gurus unserer Zeit predigen. Sie haben keine geheime Erfolgsformel. Dagegen achten Sie sehr auf den Einsatz des gesunden Menschenverstandes. So einfach, jedoch so schwierig umzusetzen! Vielleicht ist das die wichtigste Lektion.

Marktnischen sind aber keine stabilen Marktsegmente, in denen der Nischenanbieter ein Ruhepolster vor der Konkurrenz hat. Auch Nischen durchleben wie Massenmärkte bestimmte dynamische Entwicklungen. Diese Entwicklungen muss man als Guerilla im Auge behalten. Dauerhafter Erfolg in der Nische erfordert daher mehr Verständnis über die Nischen, die Strategien innerhalb der Nischen und über gezieltes Nischenmarketing. Wichtigste Botschaft in diesem Kontext: „Kopieren Sie in Nischen nicht das Marketing von Großunternehmen, sondern bleiben Sie unkonventionell und unverwechselbar.“

Anders als der Wettbewerb erlaubt!

Differenzierung, Differenzierung und Differenzierung! Dieses Motto ist oberste Prämisse für erfolgreich agierende Guerilla Unternehmen. Differenzierung schafft klare Wettbewerbsvorteile, schafft Unterschiede, die Unterschiede sind und nicht bessere Gleichheit und schützt Unternehmen davor, sich nicht auf das Schlachtfeld der Preiskriege begeben zu müssen. Denn wer sich nicht unterscheidet, der scheidet aus. Es überlebt immer nur die Spezies, die eine Aktivität besser kann als eine andere, z. B. schneller laufen, höher klettern, weiter springen oder tiefer graben. Sie müssen den Kunden einen Grund geben, Ihr Produkt zu kaufen und nicht das der Konkurrenz. Verabschieden Sie sich auch von der Vorstellung, dass auf Massenmärkten keine Differenzierung mehr möglich ist. Differenzieren kann man alles. Und der einzige Weg zu dauerhaftem Erfolg ist fortgesetzte Differenzierung. Guerillas warten nicht ab, bis auf dem Markt etwas passiert (Reaktion), sondern versuchen, den Markt aktiv zu gestalten, zu beeinflussen und Trends zu kreieren. Es existieren unterschiedliche Möglichkeiten der Differenzierung. Differenzierung über das Produkt, als Innovation, in der Zuverlässigkeit oder im Design. Differenzierung über unterschiedliche Serviceleistungen, über das Personal, über das Image, über Referenzen, die Vertrauen und Glaubwürdigkeit schaffen oder über die kommunikative Ansprache des Konsumenten bzw. Kunden.

Wie man echte Marktchancen mit coolen Produktideen und überraschenden Leistungsangeboten erschließt beschreiben sehr schön die beiden Business-Querdenker Anja Förster und Peter Kreuz in ihrem Buch „Different Thinking!“[7] Um Sie noch neugieriger auf das Buch zu machen, hier eine smarte Auswahl an Beispielen:

---

[7] 1. Auflage 2005 erschienen im Redline Wirtschaftsverlag
Webseite des Buches: www.DifferentThinking.de

easyCruise.com

Niedrige Kosten, hohe Nachfrage und Auslastung. Die easyGroup setzt auf günstige Angebote, wie zum Beispiel die Kreuzfahrt ohne Luxus.

Naked News

Tagesaktuelle Nachrichten und Moderatorinnen, die sich Stück für Stück ihrer Kleidung entledigen.

www.nakednews.com

Spreewald: sexy Gurken

Get One!
Eine große Gurke in pfiffiger Verpackung zu satten Preisen verkaufen.

Als Abschluss eine Werbung von Apple Computer:

Ein Hoch auf die Verrückten, Außenseiter, Rebellen, Unruhestifter und Querköpfe – auf die Menschen, die die Dinge anders sehen. Sie pfeifen auf die Vorschriften, und sich haben keinen Respekt vor dem Status quo. Man kann sie zitieren, ihnen widersprechen, sie verherrlichen oder verleumden, nur ignorieren kann man sie nicht, denn sie verändern die Welt und treiben die Menschheit voran. Während einige sie für verrückt halten, betrachten wir sie als Genies. Denn Menschen, die verrückt genug sind zu glauben, dass sie die Welt verändern können, werden es eines Tages tun.

Hyperwettbewerb & Antizyklisches Marketing

Von der industriellen Revolution zum Informationszeitalter. Vom Verkäufermarkt zum Käufermarkt. Märkte werden immer kleiner, selektierter und härter umkämpft. Wir befinden uns in den Anfängen eines Hyperwettbewerbs, der in den nächsten Jahren und Jahrzehnten noch deutlich schärfer wird. Ja! Der Kampf um das knappe Gut „Kunde" ist in vollem Gange. Der Hyperwettbewerb ist geprägt und gekennzeichnet durch eine zunehmende Transparenz der Märkte und der Informationen auf und über diese Märkte. Kunden und Wettbewerber sind heute besser informiert als jemals zuvor. Mit wenigen Mausklicks erreichen Sie über das Internet neue Märkte, neue Kunden und eine Vielzahl an nützlichen Informationen.

Den Hyperwettbewerb zu immer kleineren und transparenteren Marktsegmenten könnte man auch als Wettbewerbsrevolution bezeichnen. Und wie in der Evolution wird derjenige überleben, der sich auf neue Anforderungen am schnellsten und besten einstellt.

In der Geschichte der Weltwirtschaft kommt es immer wieder zu Schwankungen in der Konjunktur. Flaut die Konjunktur ab, so gehen Absatzzahlen und Umsätze zurück und die Firmen können ihre Kosten gar nicht schnell genug senken. Und wo wird häufig zuerst gespart? Die Marketing und Werbebudgets werden gekürzt. Doch macht das wirklich Sinn?

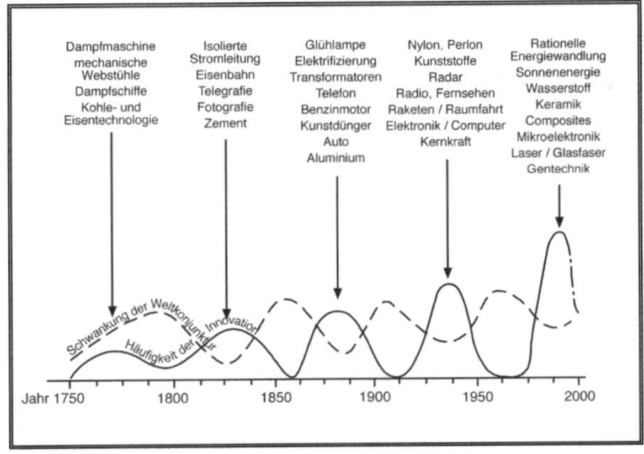

Zusammenhang zwischen Innovation und Konjunktur

In konjunkturell schwächeren Zeiten sind gerade Innovationen, Ideen und frische Konzepte gefragt. Das sind die notwendigen Treiber für einen neuen Aufschwung. Weltkonjunktur und Innovationen stehen in einem antizyklischen Verhältnis zueinander.

Guerillas sehen Konjunkturflauten als Chance, die Geschäfte zu Lasten der Konkurrenz auszubauen. Sie halten Ihre Marketing-Budgets aufrecht oder erhöhen diese sogar, weil der Wettbewerb seine Aktivitäten zurückfährt. Das ist ein großer Vorteil!

David gegen Goliath

Begeben wir uns auf eine kleine Zeitreise, hin zur Lebenszeiten der beiden biblischen Bekannten David und Goliath. Tja, wieso sollte eine kleine und schmächtige Person wie David im Zweikampf gegen den stämmigen und übermächtig erscheinenden Goliath eine realistische Chance haben? Hat er ja im Normalfall auch nicht! Der gute alte David setzt nicht auf Muskelkraft, sondern arbeitet mit dem Köpfchen. Eine wahrlich brillante Idee, mit einer einfachen Steinschleuder und einem Stein den mächtigen Goliath zu besiegen.

Die Geschichte von David gegen Goliath wiederholt sich häufiger als man denkt, wenn mutige und gewitzte Unternehmen gegen die Giganten der Märkte antreten. Die Weisheit, dass die Großen immer die Kleinen fressen, bewahrheitet sich nicht immer im Wirtschaftsleben. Pfiffige Guerilla Unternehmen schaffen es immer wieder ihren großen Konkurrenten Paroli zu bieten und manchmal sogar zu überrunden.

Einige erfolgreiche David-Geschichten erzählen zum Beispiel Red Bull gegen Coca Cola, Linux gegen Microsoft, Rotkäppchen Sekt gegen Henkel & Söhnlein oder Oettinger Bier gegen die etablierten deutschen Brauereien. Oettinger Bier hat es ohne viel Werbung zur beliebtesten Biermarke Deutschlands geschafft, vorbei an den Krombachers, Bittburgers, Warsteiners und Veltins. Warum? Keine Angst vor großen Namen, gutes Preis-Leistungs-Verhältnis (Kiste für 5 Euro), und mittlerweile Kultstatus bei Studenten, Grillfreunden und Vereinen. Bereits über 50 Fanclubs in Deutschland sorgen für die nötige Fangemeinde inkl. Mundpropaganda. Wenn Sie keine Chance sehen, nutzen Sie genau diese.

Globalisierung mit Verantwortung

World Trade Center am 11. September 2001, Taliban, Irak-Krieg, Nahostkonflikt, Tsunami oder Papsttod. Ereignisse und Begriffe, an die wir uns erinnern. Schlagworte, die wir alle bildlich untermalen können, die tief in unserem Bewusstsein verankert sind. Das Thema Globalisierung rückt in diesen Zusammenhängen in ein völlig neues Licht.

Impressionen, die uns bewegen

Der Kunde, Geschäftspartner, der Lieferant und Kreditgeber, der Mitarbeiter und der Wettbewerber, sie alle haben eines gemeinsam – es handelt sich um Menschen. Die Menschen haben durch Terror, Krieg, Naturkatastrophen, durch weltpolitische Konflikte und Ereignisse ein anderes Bewusstsein entwickelt. Auch wenn wir immer wieder gerne von einer Spaßgesellschaft reden, so kehrt doch immer wieder Ernüchterung ein. Diese Ernüchterung darf auch das Marketing nicht ignorieren.

Das Marketing muss sich auf diese Veränderungen einstellen und selber viel mehr Bewusstsein und Verantwortung für unsere Gesellschaft und die Menschen an den Tag legen. Ein Unternehmen darf nicht mehr nur existieren um Geld zu verdienen, wobei dieses Ziel immer bestehen bleibt und schließlich auch primär über Erfolg, Existenz und über Arbeitsplätze entscheidet. Jedes Unternehmen hat aber auch, heute und in der Zukunft mehr denn je, eine große Verantwortung zu übernehmen. Deshalb sollte man nicht rücksichtslos und blind auf Profite abzielen und mit Dollarzeichen vor den Augen einschlafen und aufwachen. Leider stehen, insbesondere bei großen Unternehmen, Ziele wie Rentabilität, Gewinnmaximierung, Aktienkurs, Tantieme und Dividende zu sehr im Mittelpunkt des Denkens und Handelns. Gibt es eigentlich noch moralische Unternehmer, Manager oder Führungskräfte? Zu Krisenzeiten werden Mitarbeiter gerne zu Tausenden entlassen. Nichts ist ja einfacher um die Kosten zu senken und um die Aktionäre und Fondsmanager wohlgesinnt zu stimmen. Schaufeln wir uns unser eigenes Grab? Wie sagte einmal Jac Nasser, Ford Präsident und CEO:

Es ist noch nicht lange her, dass die führenden Unternehmen glaubten, was gut für sie sei, sei gut für die Welt. Führungskräfte trafen ihre Entscheidungen ohne gewissenhafte Prüfung oder Verantwortungsgefühl und nahmen an, die Welt würde die Konsequenzen dieser Entscheidungen schon tragen, ob sie nun gut oder schlecht waren. Wir von Ford glauben an die Gültigkeit der umgekehrten Behauptung: Was gut für die Welt ist, ist gut für Ford.

Die Spinne im Netz

Der Aufbau von Netzwerken und Kooperationen ist in den letzten Jahren verstärkt ins Rampenlicht von Marketeers gerückt. Man hat erkannt, dass unser Planet kleiner und die Globalisierung für jeden spürbar geworden ist. Ein alleiniger Kampf auf breiter Front ist fast unmöglich geworden, eine Fokussierung auf die eigenen Stärken wurde zum Wettbewerbsvorteil. In der Wirtschaft wandeln sich Märkte zunehmend zu Netzwerken. Ein Kampf jeder gegen jeden macht in einer Welt der allgemeinen Verwundbarkeit jedoch keinen Sinn. Durch Netzwerke werden Risiken minimiert, indem man sie teilt. Hier gibt es nicht Käufer und Verkäufer, es gibt User und Provider. Man behält sich nicht Informationen vor, sondern man teilt sie. Man ist nicht feindselig, sondern baut Vertrauen auf. Das Individuum dient dem Netzwerk und hat am Ende den maximalen Nutzen.

Bauen Sie daher ein Netzwerk auf, in dem Sie die Spinne im Netz sind und nicht die Fliege, soll heißen, seien Sie aktiv beim Aufbau eines Netzwerkes und lassen Sie sich nicht einfach in ein Netzwerk einflechten. Kooperationen können Spezialkenntnisse ergänzen. Auch Kooperationen außerhalb der Branche können sinnvoll sein, ja sogar eine Kooperation mit dem Wettbewerber.

In Zukunft werden nur die Unternehmen erfolgreich sein, die in einem starken Netzwerk von Kooperationen mit Partnerfirmen, strategischen Allianzen, Beteiligungen etc. verankert sind.

Kundenbeziehungen auf dem Prüfstand

Sogar heute brüsten sich Unternehmen immer noch mit der Aussage: „Wir sind ein kundenorientiertes Unternehmen!“ Oder noch besser mit (meine absolute Lieblingsaussage): „Der Kunde ist bei uns König!“. Das ist ja toll. Und wer sind Sie? Der Hofnarr? Aufwachen, meine Damen und Herren. Der Kunde ist nicht König und der Kunde ist auch nicht blöd.

Vertrauen, Ehrlichkeit und gegenseitiger Respekt sind die Eckpfeiler für eine gute und partnerschaftliche Kundenbeziehung, die auf eine lange Zeit ausgerichtet ist und bei der beide Partner einen Vorteil haben. Lippenbekenntnisse über Kundenorientierung sind genauso unangebracht wie den Kunden für dumm oder uninformiert zu erklären. Bei loyalen Kundenbeziehungen kommt noch ein weiterer Eckpfeiler hinzu: Die gegenseitige Abhängigkeit. Insbesondere auf Nischenmärkten sind Unternehmer auf ihre oft wenigen Kunden angewiesen. Gleichzeitig sind die Kunden aber auch auf die Produkte und Leistungen des Nischenanbieters angewiesen, da diese häufig einzigartig, sehr speziell oder schwer zu ersetzen sind.

Daher ist auch die Neukundengewinnung nicht mehr so entscheidend, sondern vielmehr die Pflege und der Ausbau bestehender Kundenbeziehungen. Die Produkte und Leistungen werden auch immer mehr auf die Präferenzen des Kunden zugeschnitten oder sogar mit ihm entworfen und entwickelt. Der Dialog mit dem Kunden ist wichtig. Schaffen Sie Möglichkeiten, diesen Dialog zu fördern, durch regelmäßige Kundenbesuche (auch im Marketing), durch Kundenportale mit Foren, Chatrooms, Blogs, durch ein Intranet für Partner und Kunden oder durch die eigene Organisation von Veranstaltungen, Seminaren und Schulungen.

Das Geniale liegt im Einfachen

Komplexität ist nicht bewundernswert, sondern zu vermeiden. „Keep it simple and stupid". Das gilt ganz besonders für Guerilla Marketeers.

Guerillas nutzen immer ihren gesunden Menschenverstand, die wohl stärkste und einfachste Waffe zugleich. Und, diese Waffe ist absolut kostenlos und immer und überall einsetzbar.

Ist Marketing nicht manchmal merkwürdig? Da gibt es auf der einen Seite die Hohepriester des Marketing, gebrüstet mit unzähligen Titeln und Auszeichnungen, immer darum bemüht, sich selber noch besser darzustellen, vorzubereiten auf die nächste Marketingschlacht. Leute, die in täglichen Meetings und unzähligen Abteilungstreffen, alles bis ins kleinste Detail planen und durchrechnen, sich gegenseitig verbal stimulieren, mit soviel Bodenhaftung wie ein munter steigender Fesselballon. So hart es klingt, aber diese Luftikusse der Marktbeherrschung sollten in die Politik wechseln. Das Marketing braucht Menschen, die bereit sind die Ärmel hochzukrempeln, bereit sind die Dinge in die Hand zu nehmen und nicht unnötig zu verkomplizieren und tot zu reden. Diesen beneidenswerten Marketingprofis stehen auf der anderen Seite die einfachen Kunden gegenüber. Sie handeln nach einfachen Regeln. Was brauche ich? Wozu habe ich Lust? Was gebe ich dafür aus? Kaum einer aber wird sich bewusst als Zielgruppe für dies und das begreifen. Der Kunde interessiert sich nicht die Bohne dafür, welche ansprechbaren Eigenschaften er mit anderen Entscheidern vermeintlich gleicher Bauart teilt. Die Welt ist bunt und individuell. Jeder Kunde lebt in seiner eigenen Käuferwelt und muss auch genau dort aufgesucht werden.

Es hat sich sogar schon eine eigene Marketingdisziplin entwickelt, die dafür zuständig ist, alle Ideen, Produkt- und Werbebotschaften in eine komplizierte Sprache zu verwandeln. Ja nicht einfach. Man hat den Eindruck, Marketeers und Geschäftsleute versuchen mit hochtrabenden Begriffen clever, anspruchsvoll und bedeutend zu wirken. Tatsächlich wird es für den Kunden aber dadurch unverständlich. Douglas, „come in and find out", O2 als Marke für ein Mobilfunkunternehmen…

Da gestalten zum Beispiel Bacardi mit „Die Party bist du“, „Wir machen den Weg frei“ (Volksbank Raiffeisenbanken) oder „Vorsprung durch Technik“ (Audi) die Dinge schon einfacher und verständlicher. Große Ideen sind fast immer in schlichte Worte gekleidet. In unserem Informations- und Kommunikationszeitalter ist der Kunde sowieso schon mit Informationen überflutet. Wir müssen den Kunden aus dem Infodschungel helfen und ihm eine klare Orientierung geben.

Auch die langfristige Planung ist Wunschdenken. Langfristige strategische Planung ist doch eigentlich sinnlos, wenn Sie nicht auch die Pläne für ihre Konkurrenz erstellen. Die Geschichte wimmelt von kühnen Vorhersagen, die nicht eingetroffen sind. So sagte Kenneth Olsen, Gründer und Präsident von Digital Equipment 1971: *„Es gibt keinen Grund, weshalb jemand einen Computer bei sich zu Hause haben sollte.“* Oder der Präsident der Michigan Savings Bank, als er 1903 dem Anwalt Henry Fords riet, nicht in die Ford Motor Company zu investieren: *„Das Reitpferd wird es immer geben, doch das Automobil ist lediglich eine vorübergehende Modeerscheinung.“*

Können Sie in die Zukunft schauen? Im Hinblick auf zukünftige Ereignisse lassen sich nur Trends ausmachen. Diese zu erkennen und zu ordnen ist aber umso wichtiger. Guerillas werden deshalb zu Trendscouts.

Den Trends auf der Spur

Trendforscher Perikles

Es kommt nicht darauf an, die Zukunft vorauszusagen, sondern darauf, auf die Zukunft vorbereitet zu sein. Das sagte schon der gute alte Perikles rund 500 Jahre vor Christus und ist somit einer der ältesten Trendforscher in der Menschheitsgeschichte.

Als Trendscouting bezeichnet man die Suche nach den neuesten und angesagtesten Trends, Bedürfnissen und Entwicklungen innerhalb einer Zielgruppe. Was ist gerade angesagt? Über was reden die Leute? Auf wen oder was hat sich die Presse eingeschossen? Was könnte morgen in und hipp sein?

Veränderungen im Verbraucherverhalten können durch Trendscouting frühzeitig erkannt werden und im Marketing berücksichtigt werden. Zukunftsthemen müssen so übersetzt werden, dass sie von Unternehmen oder auch Institutionen für strategische Entscheidungen genutzt werden können, wie z. B. für die Entwicklung neuer Produkte oder die Identifikation neuer Märkte. Das Problem dabei ist, dass der Kunde die Produkte von morgen noch gar nicht kennt. Also muss das Marketing darüber nachdenken, wie man dem Kunden die Möglichkeiten von morgen zeigt. Guerillas nutzen die aktuellen Trends und haben die zukünftigen Trends fest im Blick.

Ein aktueller Trend aus der Nahrungsmittelindustrie zeigt auf, dass der moderne Mensch, statt sich ein Ei zu kochen und ein Brötchen zu schmieren, lieber auf dem Weg zur Arbeit zu einem gesunden Getränk greift. Ein Trend in Zeiten zunehmender Mobilität und Zeitknappheit. Clever einen Trend ausgenutzt hat im Frühjahr 2005 auch ein junger Mann aus dem Kreis Olpe. Als das Thema „Papst und Kardinal Ratzinger“ in aller Munde war, wurde ein auf Kardinal Ratzinger zugelassener VW Golf bei eBay versteigert. Der Einkaufspreis für den VW lag bei rund 10.000 Euro. Die von dem 21-Jährigen Zivildienstleistenden gestartete Aktion wurde nicht nur zum meistgeklickten Artikel bei eBay. Verkauft wurde der Golf nämlich für knapp 190.000 Euro an ein Online-Casino aus den USA.

Trend Papst: Golf für satte 190.000 Euro verkauft

Generell geht der Trend wohl mehr in Richtung Ernsthaftigkeit in der Gesellschaft. Man sucht wieder nach Orientierung, nach passenden Werten, wobei es aber nicht um die Herstellung des alten, konservativen Wertekanons geht. Weitere Trends sind die Organisation der Gesundheitsverantwortung, die Herausforderung immer neuer Informations- und Kommunikationstechnologien, Sicherheitstechnologie und Nanotechnologie sowie ältere Zielgruppen als Marketing Herausforderung.

15. Guerilla Marketing Mix

Anwenderzielgruppen und Waffeneinsatz

Der Titel des Buches lautet anmutig „Guerilla Marketing für Unternehmertypen". Doch wer ist ein Unternehmertyp bzw. welche Guerilla Marketing Anwenderzielgruppen lassen sich unterscheiden?

Für den Einsatz des richtigen „Guerilla Marketing Mix" sind insbesondere die Unternehmensgröße und die Branchentypologie von besonderer Bedeutung. Grundsätzlich kann jede ökonomisch veranlagte Person bzw. jede marketing- und werbetreibende Institution Guerilla Marketing einsetzen. Aber: Guerilla Marketing ist nicht gleich Guerilla Marketing. Für verschiedene Branchen und Unternehmensgrößen sollten unterschiedliche Aspekte im Vordergrund stehen, sollten unterschiedliche Guerilla Waffen verstärkt zum Einsatz kommen, sind Guerilla Waffen unterschiedlich effektiv. Dieses Kapitel soll Ihnen eine Orientierung liefern, für welchen Unternehmenstypus welche Guerilla Waffen welche bisherige Relevanz und Effektivität haben.

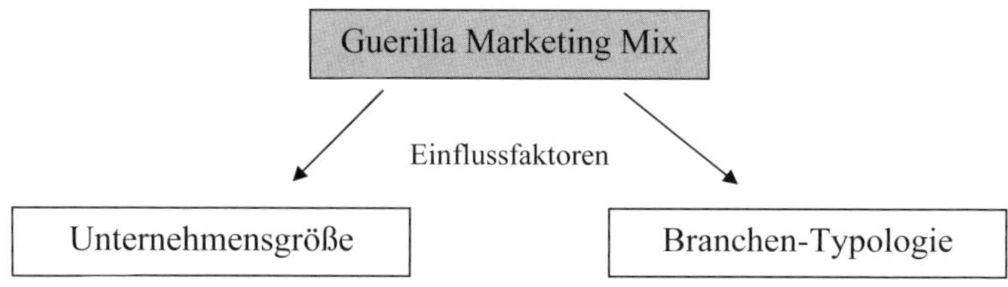

Einflussfaktoren auf den Guerilla Marketing Mix

Definition von Relevanz:

Wie oft wurde diese Guerilla Waffe in der Vergangenheit eingesetzt?

Definition von Effektivität:

Wie effektiv ist der Einsatz der Waffe für das jeweilige Unternehmen?

Definition Guerilla Faktor:

Das gesunde bzw. maximal mögliche Verhältnis von klassischem Marketing im Vergleich zu Guerilla Marketing

Markenunternehmen im Konsumgüter- und IT-Bereich

(Beispiele: Procter & Gamble, Nokia, Nike)

WAFFE	RELEVANZ	EFFEKTIVITÄT
Werbung mit kleinem Budget	🙂	🙁
Strat. Guerilla Marketing	🙂👍	🙂
Ambient Media	🙂	🙂👍
Ambush Marketing	🙂	🙂👍
Viral, Buzz Marketing	🙂	🙂👍
Chat / Forum Attack	🙂	🙂
Blogger Marketing	🙁	🙂
Sensation Guerilla Marketing	🙂👍	🙂👍
Mobile Guerilla Marketing	🙁	🙂
Maximaler Guerilla Faktor*: **30 %**		
🙂👍 Hoch 🙂 Mittel 🙁 Gering		
* Max. Verhältnis von Klassik zu Guerilla Marketing		

Markenunternehmen im Konsumgüter- und IT-Bereich führten bisher besonders Sensation Aktionen durch und versuchten sich durch strategische Guerilla Überlegungen vom Wettbewerb zu differenzieren. Diese Unternehmen sollten in Zukunft verstärkt auf Ambient Medien, Ambush-Marketing, Viral & Buzz Marketing sowie weiterhin auf Sensation Guerilla setzten. Der Einsatz von Guerilla Marketing im Verhältnis zum klassischen Marketing kann bis zu 30 % betragen.

Kleine und mittelständische Unternehmen allgemein

(Beispiele: kleine Handwerksunternehmen, Autohäuser)

WAFFE	RELEVANZ	EFFEKTIVITÄT
Werbung mit kleinem Budget	🙂👍	🙂👍
Strat. Guerilla Marketing	🙂	🙂👍
Ambient Media	🙁	🙂
Ambush Marketing	🙁	🙂
Viral, Buzz Marketing	🙂	🙂👍
Chat / Forum Attack	🙂	🙂
Blogger Marketing	🙁	🙂
Sensation Guerilla Marketing	🙂👍	🙂👍
Mobile Guerilla Marketing	🙁	🙁
Maximaler Guerilla Faktor*: **70-80 %**		
🙂👍 Hoch 🙂 Mittel 🙁 Gering		
* Max. Verhältnis von Klassik zu Guerilla Marketing		

Für kleine und mittelständische Unternehmen steht das Motto „Werbung mit kleinem Budget“ klar im Vordergrund. Durch den geschickten Einsatz von Guerilla Strategien erzielen diese Unternehmen mit einem geringen Budget hohe Effektivität. Bisher setzten diese Betriebe vielfältig auf Sensation Guerilla mit einer flankierenden Pressearbeit. Viral & Buzz Marketing ist für KMU´s für die Zukunft eine noch auszubauende Option mit Aussicht auf hohe Effektivität. Der Guerilla Faktor liegt bei 70-80 %.

Investitionsgüterindustrie

(Beispiel: Maschinen- und Anlagenbau)

WAFFE	RELEVANZ	EFFEKTIVITÄT
Werbung mit kleinem Budget	☺	☺👍
Strat. Guerilla Marketing	☺	☺
Ambient Media	☹	☹
Ambush Marketing	☹	☹
Viral, Buzz Marketing	☹	☺
Chat / Forum Attack	☹	☺
Blogger Marketing	☹	☺
Sensation Guerilla Marketing	☺	☺👍
Mobile Guerilla Marketing	☹	☹
Maximaler Guerilla Faktor*: **30 %**		
☺👍 Hoch ☺ Mittel ☹ Gering		
* Max. Verhältnis von Klassik zu Guerilla Marketing		

Die meist mittelständischen deutschen Maschinen- und Anlagenbauer haben bisher nur sehr wenig auf Guerilla Marketing Kampagnen und Strategien gesetzt. In der Regel sind die Produkte sehr technisch und somit erklärungsbedürftig. Ein Großteil der Marketing- und Werbebudgets fliest bisher in klassische Werbung, wie Messeteilnahmen, Anzeigen und Prospekte. Vereinzelt wird gezielt auf effektive Werbung mit kleinem Budget geachtet. Immer wieder findet man auch Unternehmen, die sehr originelle Events durchführen und hierbei bewusst oder unbewusst in die Guerilla Sensation Welten vorpreschen. In Zukunft sollten die Unternehmen verstärkt und noch gezielter Guerilla Sensation Kampagnen, z. B. im Rahmen von Messen durchführen, den Bereich der Low-Budget Werbung intensivieren (ganz besonders weniger Anzeigen) und auch die Waffen Viral, Chat-Attack, und Blogs mit in Betracht ziehen. Der gesunde Guerilla Faktor liegt so ungefähr bei 30 %.

Existenzgründer

WAFFE	RELEVANZ	EFFEKTIVITÄT
Werbung mit kleinem Budget	🙂	🙂👍
Strat. Guerilla Marketing	☹	🙂
Ambient Media	☹	☹
Ambush Marketing	☹	🙂
Viral, Buzz Marketing	☹	🙂
Chat / Forum Attack	☹	🙂👍
Blogger Marketing	☹	🙂
Sensation Guerilla Marketing	🙂	🙂👍
Mobile Guerilla Marketing	☹	☹
Maximaler Guerilla Faktor*: **80-100 %**		
🙂👍 Hoch 🙂 Mittel ☹ Gering		
* Max. Verhältnis von Klassik zu Guerilla Marketing		

Für Existenzgründer sind Guerilla Sensation, Werbung mit kleinem Budget und interessanterweise auch Chat- und Forum Attack sehr Erfolg versprechende Guerilla Waffen. Je nach Branche können Existenzgründer bis zu 100% auf Guerilla Marketing setzten und klassische Werbeformen nahezu vollständig vernachlässigen. Defizite sind immer wieder im strategischen Marketing Bereich zu finden.

Staatliche und Nichtstaatliche Organisationen

(Beispiele: Parteien, Green Peace, WWF)

WAFFE	RELEVANZ	EFFEKTIVITÄT
Werbung mit kleinem Budget	🙂	🙂
Strat. Guerilla Marketing	🙂	🙂
Ambient Media	☹	🙂
Ambush Marketing	☹	🙂
Viral, Buzz Marketing	🙂	🙂👍
Chat / Forum Attack	🙂	🙂👍
Blogger Marketing	🙂	🙂👍
Sensation Guerilla Marketing	🙂👍	🙂👍
Mobile Guerilla Marketing	☹	🙂
Maximaler Guerilla Faktor*: **60-80 %**		
🙂👍 Hoch 🙂 Mittel ☹ Gering		
* Max. Verhältnis von Klassik zu Guerilla Marketing		

Staatliche und nichtstaatliche Organisationen haben ihren Schwerpunkt bisher auf Guerilla Sensation Aktionen gelegt. Green Peace ist wohl eines der Aushängeschilder für aufmerksamkeitsstarke Kampagnen mit wenig Budget. Für die Zukunft sind die Waffen Viral & Buzz Marketing, Chat und Forum Attack, Blogging und weiterhin Guerilla Sensation sehr viel versprechend, da die Themen der Organisationen die gesamte Gesellschaft ansprechen und somit immer Zündstoff für Diskussionen liefern. Je nach Organisation liegt der Guerilla Faktor zwischen 60 und 80 %.

16. Fehlschüsse im Guerilla Marketing

Vorsicht!
Guerilla Marketing ist kein Allheilmittel.

Wer glaubt, man schmeißt ein paar Guerilla Ideen in einen Kochkessel, gibt noch ein paar leckere Zutaten, wie ein paar wenige Goldtaler und evtl. noch die drei aktuellsten Artikel aus der „Marketing Think Different"-Abteilung hinzu, rührt dann kräftig um, und schon läuft die erfolgreichste Guerilla Kampagne aller Zeiten ganz von alleine ab, der sollte aufpassen, dass er sich nicht schnell die Zunge verbrennt.

Ja meine Damen und Herren, auch wenn es hart klingt, aber Guerilla Marketing ist kein Allheilmittel! Bei schlecht geplanten und schlecht durchdachten Aktionen kann der berühmte sprichwörtliche Schuss schnell nach hinten losgehen, was in diesem Kapitel an einigen Beispielen eindrucksvoll belegt wird.

Die Planung und die Wirkung von Guerilla Kampagnen kann sehr schön mit dem Autofahren verglichen werden. Fahren kann grundsätzlich erst mal jeder. Mit der Zeit kommt ein gewisser Erfahrungsschatz hinzu. Und gerade anfangs ist die Hilfe eines Fahrlehrers empfehlenswert. Trotzdem kommt es immer wieder zu unvorhergesehenen Unfällen, wobei insbesondere die Fahranfänger häufiger betroffen sind. Treffen kann es aber jeden.

Mein Rat an Sie: Entweder holen Sie sich Support bei einem Fahrlehrer um sich den Einstieg zu erleichtern oder Sie nehmen gleich den Bus, steigen ein und lassen andere für sich fahren. Es gibt sehr gute Guerilla Dienstleister, die Ihnen mit Rat und Tat zur Seite stehen können. So lässt sich die Wahrscheinlichkeit eines Unfalls deutlich verringern.

Fehlschuss: Obdachlose als wandelnde Litfasssäule

Zweifelhaft: Obdachlose werben für Olivenöl

An einem frostigen Novembertag 2004 standen neun Obdachlose in der Kälte Deutschlands. Sie trugen ein Pappschild um den Hals mit der Aufschrift: „Sie kennen das beste Olivenöl der Welt noch nicht. Aber ich!" Sie standen in München und Stuttgart, in Rostock und Berlin. Die Idee zu dieser zweifelhaften Aktion hatte ein oberbayrischer PR-Agent.

Angeblich träufeln es sich die Scheichs von Dubai auf ihr Carpaccio, angeblich handelt es sich um das teuerste Olivenöl der Welt. In Wirklichkeit handelt es sich um ein völlig unbekanntes Produkt, das nun mit aller Gewalt mit Hilfe der Medien in den Markt gedrückt werden soll.

Auch wenn die Idee auf den ersten Blick durchaus innovativ ist, so stößt Guerilla Marketing hier auf ein Tabu, an die Grenze des moralisch vertretbaren.

Nach Aussage der Initiatoren hätten angeblich Arbeitsämter und Wohlfahrtsverbände die Obdachlosen vermittelt. Doch das ist selbstverständlich sehr unwahrscheinlich, da ein Obdachloser als Werbeträger recht wenig mit einem 1 Euro Job zu tun hat. Die Obdachlosen haben kein Geld bekommen, durften aber die Flasche Olivenöl behalten. Wie großzügig!

Als Fazit bleibt festzuhalten, dass die Aktion nicht die große PR-Wirkung erzielt hat. Ganz im Gegenteil. Bei vielen Bürgern hat die Aktion große Verachtung und Verärgerung ausgelöst. Es wurde sogar offiziell gegen die Initiatoren eine Beschwerde beim Werberat eingelegt.

VW und der Viral Clip Attentäter

Fake-Werbespots sind eine immer öfter im Internet gesichtete Form des Viral Marketing. Die nicht immer im Auftrag des darin beworbenen Unternehmens hergestellten Spots reichen von lustig über unternehmenskritisch bis geschmacklos. Für die involvierten Unternehmen sind sie oft ein zweischneidiges Schwert: Einerseits können freche Werbespots das Image der Marke aufpeppen, andererseits können die Werbebotschaften der Spots auch recht kompromittierend für die jeweilige Marke sein. Ein Beispiel dafür ist eine Fake-Werbung für den VW-Polo.

Fake Spot um VW

Der 22 Sekunden Spot zeigt einen Selbstmordattentäter, der in einem VW-Polo durch die Stadt fährt und schließlich einen um den Bauch getragenen Sprengsatz zündet. Das Auto und damit auch die Umgebung bleiben aber unbeschädigt. Zum Abspann folgt der von VW verwendete Slogan „Small but tough“.

Der Clip ist politisch unkorrekt, Gewalt verherrlichend, menschenverachtend und kriminell. Auch wenn sich der VW-Konzern offiziell von dem wohl unautorisiert hergestellten Viral-Clip distanziert und sogar Strafanzeige gegen Unbekannt gestellt hat. Der gute Ruf von VW hat harsche Kratzer erlitten. Für die Konsumenten ist ja schließlich nicht immer eindeutig klar, woher die Fake-Spots stammen.

Mosi wirbt für mehr Sicherheit bei Siemens-Telefon

Ein weiteres Beispiel für eine moralisch sehr bedenkliche Guerilla Aktion bzw. Fake-Spot ist Mosis ungewollte Werbung für das Siemens Gigaset.

Moralisch bedenkliche Guerilla Aktion mit Mosi

Ein Plakatmotiv des verstorbenen Modeschöpfers Rudolph Mooshammer, daneben ein Siemens Gigaset und darunter der Spruch *„Schnurlos gibt Sicherheit“... hätte ich das gewusst, hätte ich mir eines gekauft.“*

Diese Werbung kursierte per e-Mail durch das Internet. In zahlreichen Foren und Chat-Rooms echauffierten sich erboste Menschen über die vermeintliche Geldgier des Siemens Konzerns. Wieder einmal war das Image eines großen Konzerns angeschlagen. Auch Siemens reagierte schnell mit einem Dementi. Es handelt sich dabei um eine gefälschte Darstellung, die nicht von Siemens stammt und zu keiner Zeit Inhalt einer Webekampagne des Unternehmens war. Also Vorsicht bei Viral-Clip Kampagnen. Der Schuss kann schnell nach hinten losgehen.

Bullshit Marketing von Ogilvy & Mather

Das letzte hier skizzierte Beispiel für einen Fehlschuss im Marketing verdanken wir der Agentur Ogilvy & Mather, die ja sonst eigentlich für innovative und erfolgreiche Werbeaktionen bekannt ist.

Fehlschuss von Ogilvy & Mather für American Express

Zur Aktion: Ein angeblicher Student aus Belgien mit dem Namen Wim verschickte nette e-Mails (natürlich zufällig auch an zahlreiche Blogger und Portalbetreiber), in der er von einer interaktiven Plakatwand schwärmte, die American Express in Belgien aufgestellt hat. Via Internet können User ein Bild von ihrem Desktop hochladen und auf dem Billboard anzeigen lassen. Soweit so gut!

Die getarnte Online-Kampagne flog auf. In Wirklichkeit ist Wim nämlich gar kein Student, sondern Mitarbeiter von Ogilvy Interactive. In der Blogger-Szene wurde schnell festgestellt, dass die im Mailheader enthaltene IP von einem Ogilvy & Mather Server stammt. Eine Werbebotschaft mit falschem Absender. Ein kleiner vermeidbarer Fehler mit großer Wirkung. Denn Blogger lassen sich nicht gerne auf die „Schüppe" nehmen. Die Aktion wurde mit Kommentaren wie *„Bullshit-Marketing"*, *„Zu blöd zum Tricksen"*, *„Tarnen und Täuschen"* oder gar *„Lala lass dich nicht verarschen... vor allem nicht bei der Kommunikation"* abgestempelt.

17. Kunterbuntes aus der Praxis

Fallbeispiele mit Biss

Kunterbuntes aus der Praxis oder Fallbeispiele mit „Biss“ werden im folgenden Kapitel des Buches präsentiert. Eine Auswahl historisch bekannter oder sehr origineller aktueller Beispiele verdeutlicht die Wirkungsmechanismen von Guerilla Marketing. Wie erziele ich mit „Köpfchen“ und optimiertem Mitteleinsatz eine an den Zielgruppen orientierte stärkere Wirkung?

Vodafone und die Rugby-Flitzer

(Waffe: Ambush-Marketing)

Zwei Nackte Sport-Fans, die mit VODAFONE-Logo geschmückt ein Rugby-Spiel in Australien störten, stürzten einen Manager des Mobilfunk-Konzerns in Erklärungsnöte. Er war über die Guerilla Marketing Aktion informiert und versprach, die Geldstrafe aus der Firmenkasse zu zahlen. Was war passiert?

Bei einem Rugby Liga Spiel im australischen Sydney zwischen den beiden Vereinen „All Blacks“ aus Neuseeland und den von VODAFONE gesponserten „Wallabies“ aus Australien wurde das Spiel durch zwei Nackedeis unterbrochen. Beide waren in der zweiten Hälfte auf das Spielfeld gestürmt, lenkten mit provokanten Posen Spieler und Publikum ab und spurteten kreuz und quer über den Rasen. Auf Bauch und Rücken trug das Duo die charakteristische weiße VODAFONE Sprechblase vor rotem Hintergrund. In einer Spielunterbrechung wurden die beiden von der Polizei eingefangen und abgeführt. Beide müssen sich nun wegen unbefugten Betretens eines Spielfeldes und wegen unsittlicher Entblößung verantworten. Am Rande sei noch zu erwähnen, dass das Stadion, in dem gespielt wurde, nach Telstra benannt ist, dem Hauptkonkurrenten von VODAFONE in Australien.

Aufmerksamkeit war natürlich in allen Medien garantiert. Aber: die Aktion kam nicht bei allen Beteiligten wie geplant gut an. Als die Flitzer nämlich auf das Spielfeld rannten stand gerade ein spielentscheidender Strafstoß bevor. Als die Aufregung vorbei war, kickte der neuseeländische Spieler daneben. Daher sahen die Neuseeländer den Vorgang mit nicht so viel Humor, was auch dazu führte, dass viele Mobiltelefonierer vergrätzt reagierten. Das ist nun mal das Risiko, das bei vielen Guerilla Aktionen besteht. Trotzdem erinnern sich die Leute auch in Jahren noch an dieses Spiel und natürlich an VODAFONE.

Ambush-Aktion von VODAFONE in Sydney

Ein Fetzen Guerilla Werbung mit großer Wirkung

(Waffe: Guerilla Sensation Marketing)

Wie wirbt man für eine Hundeschule? Die Agentur Matter & Partner ließen sich etwas Besonderes einfallen. Die Stofffetzen zerrissener Hosen wurden so präpariert, dass Hunde sie in den Mund nehmen konnten. Dann wurden sie angeleinten Hunden vor Supermärkten hingelegt, die sich das Stück Stoff natürlich sofort schnappten. Nach der Rückkehr der Hundebesitzer mussten diese annehmen, dass ihr vierbeiniger Liebling jemanden in den Hosenboden gebissen hatte. Der erlösende Text auf der Rückseite gab aber Entwarnung: „Glück gehabt, das ist nur ein Fetzen Werbung. Falls Sie aber ernsthaft an den Manieren ihres Lieblings gezweifelt haben, wird es Zeit für einen Termin bei uns. Tribis Hundeschule.“

Werbung für die Hundeschule

The Blair Witch Project

(Waffe: Viral Marketing)

Der 16. Juli 1999 gilt als historisches Datum in der Geschichte der amerikanischen Filmindustrie. An diesem Tag startete in einigen ausgewählten Kinos ein Low-Budget-Streifen – The Blair Witch Project. Der Film entwickelte sich zu einem Kassenschlager, den niemand auf der Rechnung hatte. Das Blair Witch-Phänomen war völlig unerwartet über die US-Popkultur gekommen. Doch der überraschende Erfolg war nicht etwa ein Beleg für die Existenz unheimlicher Mächte, sondern für die unheimliche Macht von Virus Kommunikation.

Die Vermarktungskampagne für den Film begann am 15. August 1997, gut zwei Jahre bevor der Film in die Kinos kam. An diesem Tag sendete der Independent Film Channel eine Aufsehen erregende Dokumentation. In dem Beitrag ging es um das Verschwinden von drei Filmstudenten in den Wäldern Marylands und um einen unheimlichen Hexenmythos, der damit in Zusammenhang gebracht wurde. Im Bericht kamen die beiden Filmemacher Myrick und Sanchez zu Wort, die verkündeten, sie seien im Besitz geheimnisvoller Videobänder, dem Filmmaterial der vermissten Studenten. Der Bericht endete mit einem Hinweis auf eine weitere Dokumentation, in der den Zuschauern ein Einblick in die Videobänder versprochen wird. Mit dieser Taktik spekulierten die Initiatoren darauf, die öffentliche Wahrnehmung ihres Filmprojektes zu erhöhen.

Am 6. April 1998 wurde dann das Geheimnis der Videobänder enthüllt. Der zweite Trailer zeigt Bilder vom Psycho-Dreh in den Wäldern. Die Qualität der Bilder entsprach genau den Erwartungen, die die Zuschauer an Filmmaterial haben, das vier Jahre im Waldboden verscharrt war und spektakulär gedreht worden ist.

Der fruchtbare Boden für die Entstehung eines Viral-Virus war entstanden. Weitere Nahrung erhielt der Blair-Witch Virus, als im Juni 1998 eine Webseite Online ging, auf der die Filmemacher nicht nur neues Filmmaterial vorstellten, sondern auch ihre mythische Backstory mit gefälschten Dokumenten zum Leben erweckten. Die Rechnung ging auf. Die offizielle Webseite registrierte bis Mitte Juli 1999 etwa zwei Millionen Besucher. Gleichzeitig begannen infizierte Hexengläubige, ihre eigenen Kultstätten im Netz zu errichten. Bis zum Filmstart wurden mehr als zwanzig inoffizielle Fanseiten gezählt.

Flankierende Berichte in auflagenstarken Magazinen wie Time und Newsweek brachten dem Film jede Menge kostenlose PR. Der Musikkanal MTV sendete zwei Monate bevor Blair Witch in die Kinos kommt eine Story über die Fanseiten. Die Infektion der Öffentlichkeit und der jungen Kinogänger war perfekt.

Guerilla Bäcker verlosen Fensterputzer

(Guerilla Marketing für KMU`S)

Wer denkt, Bäcker bringen als Werbeaktion gerade mal die Bäckerblume zustande, muss sich jetzt eines anderen belehren lassen. Mit Hilfe der Agentur die:zwei hat die süddeutsche Bäko-Zentrale Guerilla Marketing für sich entdeckt, um dem zunehmenden Wettbewerb durch die Back Discounter zu begegnen.

Seitdem verlosen Bäckereien Fensterputzer an ihre weiblichen Kunden oder laden an Aktionstagen Mütter mit Babies ins Geschäft, um eine Brötchenpatenschaft zu verlosen. Ziel der Aktion: Mundpropaganda aktivieren.

Spider Man kommt per Pizza ins Haus

(Waffe: Ambient Media)

Die Spinne bringt Pizza ins Haus

Pünktlich zum DVD-Start von Spider-Man 2 im Dezember 2004 servierte „Hallo Pizza“ in 109 Stores die passende Pizza zum Film. Die Spider Man 2 Pizza wird in einer streng limitierten Pizzboxx zusammen mit einer Promo-DVD ausgeliefert und unterstreicht den Kult-Status dieses Films, deren erster Teil einer der erfolgreichsten Filme aller Zeiten ist.

Die außergewöhnliche Aktion für Columbia TriStar Home Entertainment, die sich Pizzboxx Nürnberg, zusammen mit Heye Media OMD aus Unterhaching, ausgedacht hat, umfasst ein Maßnahmenpaket aus 3. Mio. Flyern, 300.000 Pizzboxxen, Instore-Plakaten, Direct-Mails und Bannern und greift die Anfangs-Szene des Blockbusters auf, in der Spider-Man als Pizzafahrer jobbt.

Spider-Man erreicht den Endverbraucher dort, wo DVD und VHS zum Einsatz kommen, zu Hause in entspannter Atmosphäre. Zusätzlich schwang sich die Spinne auch noch durch Edgars Mediennetz. Vor dem Kinostart wurden 800.000 edCards an Edgar-User inkl. Filmtrailer verschickt. Pünktlich zum Filmstart wurde auch das beleuchtete A-0 Plakatnetz von Edgar in der jungen Gastronomie belegt.

Klassiker IBM und die Graffit

(Waffe: Sensation Guerilla Marketing)

Da hatten sich die Ordnungshüter von San Francisco gar nicht gefreut. Die Straßen der Stadt mit der berühmten Brücke zierten lauter Graffiti. Überall prangten Friedenszeichen, Herzen und Pinguine, aufgesprayt im Auftrag von IBM als Teil einer Guerilla Kampagne für das Computer-Betriebssystem LINUX. Einen kleinen Haken hatte die Sache. Die Macher der Graffiti waren davon ausgegangen, dass die verwendeten Farben abwaschbar seien. Das war ein Irrtum. Auch nach Monaten waren die Zeichen noch zu sehen. Für umgerechnet ca. 23.000 Euro mussten die Graffiti dann mit Backpulver und Hochdruckstrahlern von den Straßen entfernt werden. IBM musste die Reinigungskosten übernehmen und zusätzlich eine Geldstrafe von 114.000 Euro zahlen. Die Stadtverwaltung von San Francisco geht davon aus, dass IBM vorsätzlich gehandelt hat, da insbesondere die beauftragte Werbeagentur Ogilvy & Mather aus New York für solche Aktivitäten bekannt ist. Viele Menschen hat die Werbeaktion belustigt. Unzählige Medien berichteten. Und noch heute ist dieser Guerilla Klassiker eine der am meisten genannten Aktionen für gelungenes Guerilla Marketing.

IBM wirbt für LINUX in San Francisco

Cafe au lait. 26,99 Euro (Paris inklusive)

(Waffe: Ambient Medien)

Im Januar 2005 hat der Ambient Media Dienstleister „amber media“ 100.000 Coffee-to-go-Becher in 180 Bäckereien platziert. Die Motive mit den Sprüchen „Cafe au lait. 26,99 Euro (Paris inklusive)“ oder „Latte Macciato. 26,99 Euro (Rom inklusive)” sorgten in den 180 Bäckereien in Dortmund, Duisburg, Essen, Hamm, Münster und Paderborn für viel Aufmerksamkeit.

EasyJet war damit der erste Kunde, der das Werbemedium amber CUP gebucht hat. Die kreative Ansprache wurde von der Werbeagentur Publicis Berlin entwickelt. Laut amber media Geschäftsführer Karsten Warrink war die Kampagne ein großer Erfolg, was positive Reaktionen aus der Zielgruppe und der kooperierenden Bäckereien belegen.

Möge der Burger mit dir sein!

(Waffe: Viral Marketing)

Beste Erfahrungen in Sachen Viral Marketing machte die amerikanische Fast-Food-Kette Burger King. Kein geringerer als Darth Vader, Oberfiesling aus Star Wars, wirbt bei der Viral Marketing Aktion „Sith Sense“ für die Bulettenkette. Der ist, wie Fans wissen, nicht nur ein guter Lichtschwert-Schwinger, sondern auch paranormal begabt. Von Freund wie Feind kann er Gedanken lesen und Gefühle erspüren.

Doch „Sith Sense“ ist kein Spiel zum Fürchten. Nichts anderes als ein kleines Gedankenlese-Quiz verbirgt sich dahinter, und das macht durchaus Spaß. Jeder User kann sich geistig mit Darth Vader messen, der versucht, die Gedanken des Surfers zu erfassen. „Beantworte mir zwanzig Fragen und ich sage Dir, an was du denkst“, lautet die Kurzbeschreibung der Regeln, die Mr. Vader zum Auftakt untermalt mit viel Star Wars-Täteräta serviert.

Das Quiz selbst beruht auf einfachsten Regeln: Der Spieler denkt sich was, und Vader muss es erraten. Das versucht er durch gezielte Fragen, die den Begriff immer weiter einengen sollen. Zumindest im Ansatz gelingt das immer und relativ schnell. Wer sich zum Beispiel "Sportwagen" als Begriff denkt, wird mit hoher Wahrscheinlichkeit irgendwann die Frage "Hat das Objekt vier Räder?" gestellt bekommen.

www.sithsense.com

Dem Spieler stehen dann sechs Antwortmöglichkeiten zur Verfügung: "Ja", "Nein", "spielt keine Rolle", "je nachdem", "manchmal" und "vielleicht". Und weiter geht's mit der nächsten Frage: Meistens schafft es Vader, der Sache innerhalb von 20 Fragen auf den Grund zu kommen – außer, der gedachte Gegenstand ist zu komplex, zu konkret oder aber emotional konnotiert. Denn wie man nach "Wasserstoffmolekül" fragen soll, das fällt Vader nicht ein; andererseits ringt der Spieler mit der rechten Antwort auf Fragen wie "Kann man es im Dunkeln benutzen?", wenn es um den geliebten Partner geht. Macht sich bei Vader Ratlosigkeit breit, kommt zweimal der überernährte Burger King und flüstert ihm was. Manchmal klappt es dann noch mit der Telepathie, doch meistens ist das Auftauchen des Frikadellenkönigs ein Zeichen des nahenden Sieges über den Lord der Sith.

Was machen die Panzerknacker an der Uni?

(Waffe: Guerilla Sensation Marketing)

Bundesweit stürmten 3 als Panzerknacker verkleidete Promotoren die Uni-Hörsäle von 24 Hochschulen und verteilten aus den mitgeschleppten Geldsäcken unzählige selbst kreierte Geldscheine. Die Botschaft, die auf den Geldscheinen zu lesen war lautete: „Geld fürs Surfen!“. Die ganze Aktion dauerte pro Hörsaal etwa 3-5 Minuten, denn die Panzerknacker wurden gleich von Pseudo-Polizisten in Gewahrsam genommen.

Panzerknacker stürmten Unis und verteilten Geld!

Der Erfolg der Aktion war überwältigend. www.cash-machine.de, für den die Aktion durchgeführt wurde, konnte sich über eine rege Medienpräsenz freuen (ca. 18 Mio. Medienkontakte) und innerhalb von nur drei Monaten die eigene Kundenzahl verdreifachen. Durchgeführt wurde die Aktion von der Agentur webguerillas aus München.

Bresso-Baguettes für Moderatoren

(Waffe: Ambush Marketing)

Kurz vor der offiziellen Einführungskampagne von zwei neuen Geschmacksrichtungen für den Frischkäse Bresso, hat die Hamburger Agentur Springer & Jacoby eine Guerilla Aktion unter dem Motto "Bresso geht immer" gestartet. In der offiziellen TV-Kampagne werden in allen möglichen und vor allem unmöglichen Situationen die Darsteller durch ein Bresso-Baguette und die Frage „ Mal beißen?" abgelenkt.

Bresso-Baguettes in erfolgreichen TV-Sendungen

Bei den Werbespots alleine sollte es nicht bleiben. Um eine hohe Aufmerksamkeit zu erreichen, wurde die Idee geboren, Bresso-Baguettes in erfolgreiche TV Sendungen ins Bild zu schmuggeln. Es wurden T-Shirts bedruckt, die Zuschauer in TV-Sendungen tragen konnten. Und wo immer möglich, wurde in Live Sendungen Prominenten das Bresso-Baguette angeboten. Als Kanzler Schröder seine neu gefundenen Kusinen in Gera besuchte, lugte hinter der Familie ein Bresso-Baguette ins Bild. "Was ist das denn für ein Baguette?" fragte Viva Moderator Mola Adebisi überrascht, als er es in die Hand gedrückt bekam. Vorher hatte das Bresso-Baguette bereits Tobi Schlegl zu "Daylight in Your Eyes" auf Viva Interaktiv gerockt. Auch Stefan Raab staunte nicht schlecht, als ihm bei seinem Auftritt als Eddie Rodriguez zum Grand Prix de la Chanson plötzlich ein Baguette mit Frischkäse angeboten wurde. Nicht nur Stefan Raab und Moderator Axel Bulthaupt bekamen das Bresso-Baguette angeboten. Zum großen Finale mit Michael Holm hatten sich neben den Künstlern gleich mehrere Bresso-Baguettes auf die Bühne geschlichen und waren zur besten Sendezeit groß im Bild. Ob bei Viva, Britt, Franklin oder Kerner, ob bei Talk vor Mitternacht oder Unter uns, ein Baguette mit Frischkäse sorgte in vielen TV-Sendungen für Überraschungen.

Hundekanzler-Aktion für Lycos

(Waffe: Guerilla Sensation Marketing)

Den Bundestagswahlkampf 2002 nutzte die Agentur webguerillas aus München zu einer überfallartigen Aktion im Stoiber-Wahlkreis Wolfratshausen und im Schröder-Wahlkreis Hannover. Dabei stellten die Untergrundkämpfer rund 2.500-mal den schwarzen Werbelogo Dalmatiner des Internet-Portals Lycos über Nacht als lebensgroße Pappfigur in mehreren Städten auf. „Im Internet bin ich der Hundekanzler" lautete der freche Slogan. Als Kernzielgruppe standen Internet-Surfer oder Portal-User im Fokus. Vor dem Haus von Edmund Stoiber trug der Papphund ein Schild um den Hals mit der Aufschrift: „Ich bin Informant und kann die Schnauze halten." Stoibers Sicherheitscrew fragte bei Lycos an, ob Konkurrent Schröder auch einen Hund vor seinem Haus in Hannover habe. So war es auch. Die Kosten für die Hundekanzler Aktion beliefen sich auf ca. 16.200 Euro. Die Maßnahme wurde durch eine Anzeige in der Financial Times Deutschland begleitet. Die Resonanz: 60 Anrufer, die gerne den Hund hätten, und ca. 5,7 Mio. Kontakte in der regionalen und überregionalen Presse, unter anderem in der Welt am Sonntag. Die restlichen Hunde wurden im Anschluss an die Aktion bei eBay versteigert.

Guerilla Sensation Aktion für Lycos

18. Guerilla Marketing Portal

Der Treffpunkt für Fans im Netz

Seit Januar 2004 existiert im Internet ein Treffpunkt für alle Guerilla Marketing Freunde, Fans und Interessierte: das Guerilla Marketing Portal. Mit monatlich mehreren Tausend Fachbesuchern hat sich das Portal mittlerweile zur Szene-Plattform der Guerillas entwickelt.

www.guerilla-marketing-portal.de

Das Guerilla Marketing Portal informiert über aktuelle News und Aktionen aus dem Guerilla Bereich. Eine Bücherecke hält den Besucher auf dem aktuellen Stand, welche Bücher gerade angesagt sind. Gästebuch und Forum bieten den Guerillas die Möglichkeit, sich aktiv ins Thema einzubringen.

Die Fachzeitschrift für Guerilla Fans, Promotion Business, kann zum Sonderpreis abonniert werden. Promotion Business gibt es seit 2003. Der Untertitel "Magazin für vernetztes Marketing" ist Konzept. Im Fokus: die vielschichtige Kommunikationslandschaft von heute. Ein lebendiges Feld, das immer komplexer, immer effizienter wird. Dialogmarketing, Klassische Medien, Neue Medien, POS-Marketing und Live Kommunikation, PR, Ambient, Sponsoring und Guerilla.

PB erscheint alle 2 Monate, bringt Trends, Interviews, Case Studies, Reports, Zielgruppenanalysen, News, Veranstaltungsberichte, Infos über gegenständliche Werbung.

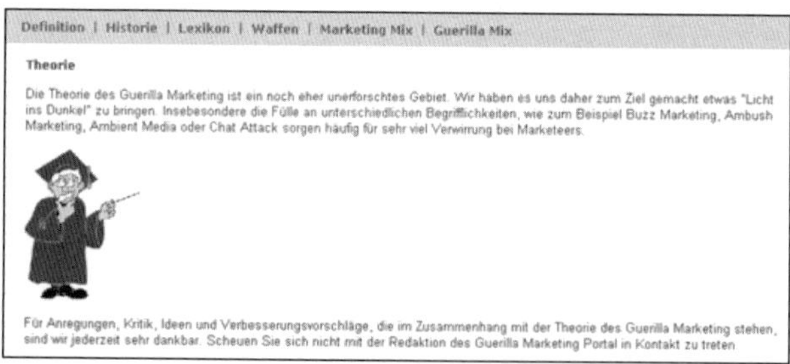

Diskussion über die Theorie des Guerilla Marketings

Auch über die Theorie des Guerilla Marketing macht man sich Gedanken. Da die Theorie ein noch eher unerforschtes Gebiet ist, haben sich die Portal-Betreiber das Ziel gesetzt „Licht ins Dunkel" zu bringen. Natürlich sind auch hierzu Anregungen, Kritik und Ideen unbedingt erwünscht.

Die 10 angesagtesten Viral Clips, sowie ein TV-Spot des Tages sorgen für zusätzliche Unterhaltung und für ein immer wiederkehrendes schmunzeln bei den Fachbesuchern. Links zu Guerilla Unternehmen und anderen findet man auf dem Linkmarktplatz.

Weitere interessante und spannende Informationen, Diskussionen und Anregungen zum Thema Guerilla Marketing findet man auf dem Guerilla Marketing Blog. Der Weblog wurde im April 2005 gestartet und ist ein Gemeinschaftsprojekt der Guerilla Marketing Fans Thorsten Schulte, Michael Gandke, Lukas Dopstadt und Thomas Patalas. Während ihrer täglichen Arbeit beschäftigen die Guerilla Fans sich mit vielen Themen rund um Guerilla-Marketing, die in loser Folge im Blog vorgestellt werden. Vollblut-Guerillas können sich gerne jederzeit als Blog-Autor bewerben. Die Jungs freuen sich über jede Unterstützung und Anregung.

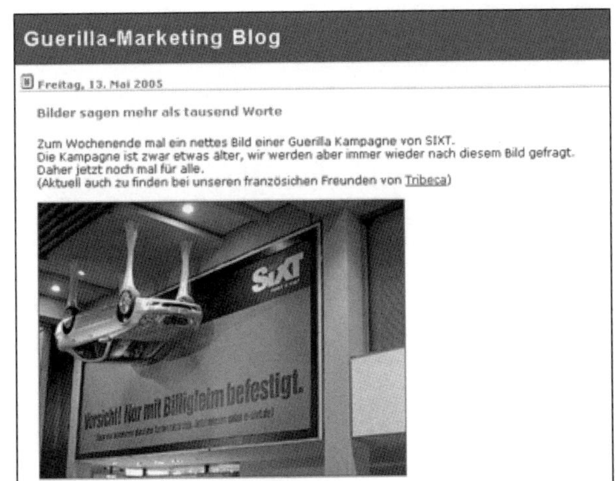

www.guerilla-marketing-blog.de

19. Guerilla Marketing Kongress

Szenetreffen und Inspiration

Im Juni 2004 war es soweit. Der erste deutsche Guerilla Marketing Kongress fand in Köln statt. Zur ersten Veranstaltung pilgerten rund 50 Teilnehmer. Ziel des Kongresses war und ist es, eine Plattform für Guerilla Marketing Fans zu schaffen, quasi einen Szenetreffpunkt, an welchem sich Marketing- und Werbetreibende regelmäßig zusammen finden.

Guerilla Kongress 2004 mit Initiatoren Schulte / Pradel

Interessante Fachvorträge zu Guerilla Themen sollen inspirieren und zugleich zur Diskussion anregen. In der Mittagspause des ersten Kongresses fanden sogar die SAT 1 Nachrichten den Weg zum Kongress und berichteten. Das Motto der Auftaktveranstaltung lautete: „Marketing es geht auch anders."

Pause mit Gesprächen und Eröffnung Kongress 2005

Der 2. Guerilla Marketing Kongress 2005 stand unter dem Motto: „Auf Abwegen zum Erfolg". Schon viele Wochen vor Veranstaltungsbeginn war der Kongress mit rund 140 Teilnehmern restlos ausverkauft. Eine kleine begleitende Ausstellung sorgte für zusätzlich Gesprächsstoff. Veranstaltet wird der Kongress von der Köln Institut AG und dem Guerilla Marketing Portal.

Vortrag Viral Marketing und volles Haus Kongress 2005

Die Veranstaltung sucht in Punkto Themenvielfalt und Preis-Leistungs-Verhältnis Ihresgleichen. Einige spannende Themen der ersten Kongresse waren zum Beispiel: „Guerilla Marketing für KMU´s, wie man mit schmalem Budget erfolgreich wirbt", „Guerilla Marketing im B-to-B Bereich", „Wer hat Angst vor Viralem Marketing?", „Durchgeknallt und abgemahnt, rechtliche Aspekte des Guerilla Marketing", „Guerilla Mobile & Cross-Media", „Bewertung und Planbarkeit von Guerilla Aktionen", „Guerilla Marketing und politische Wahlen" oder „Ambient Media, das Enfant terrible der out of home Kommunikation wir erwachsen".

Informationen zum Guerilla Marketing Kongress:
www.guerilla-marketing-kongress.de

20. Zukunft Guerilla

Wohin geht die Reise?

Was bringt die Zukunft für das Guerilla Marketing? Was sind die Trends von Morgen? Spannende Fragen, auf die schon der gute alte Perikles (um 500-429 v. Chr.) eine treffende Antwort wusste:

„Es kommt nicht darauf an, die Zukunft vorauszusagen, sondern darauf, auf die Zukunft vorbereitet zu sein."

Dieser Aussage kann man sich nur anschließen. Die Zukunft des Guerilla Marketings lässt sich auch nicht voraussagen, sondern es lassen sich nur wahrscheinliche Trends erkennen.

Aktuell ist Guerilla Marketing weltweit, und speziell in Deutschland, auf dem Vormarsch. Ja, man kann sogar ein wenig von einem „Boom" sprechen. Das ist wohl auf zwei Aspekte zurückzuführen. Zum einen muss das Marketing heute mehr denn je mit stagnierenden Budgets immer mehr Aufgaben übernehmen, was einen optimierten Mitteleinsatz im Marketing erfordert. Zum anderen ist sicherlich die Abstumpfung der Verbraucher bzw. Kunden gegenüber klassischen Marketingkampagnen zu nennen und die Reiz- und Informationsüberflutung, mit welcher die Kunden konfrontiert sind. Immer mehr gilt der Leitsatz der Differenzierung, auch im Marketing. Doch was passiert, wenn der Konjunkturmotor auf vollen Touren läuft und die Marketingbudgets wieder etwas großzügiger ausfallen? Verschwindet Guerilla Marketing dann im „Niemandsland"?

In Deutschland hat sich mittlerweile eine richtige „Guerilla Szene" entwickelt. Ein eigener kleiner Wirtschaftszweig ist entstanden, es wurden spezialisierte Guerilla Agenturen gegründet, Seminare und Infoveranstaltungen existieren zuhauf, ein eigenes Fachportal sorgt für aktuelle News und dient als Treffpunkt im Netz, und auch ein eigener Guerilla Marketing Kongress wurde ins Leben gerufen. Sogar die großen Unternehmen haben erkannt, dass unkonventionelle und originelle Ideen im Marketing gefragt sind. Einige Big Player gründen sogar Abteilungen mit Bezeichnungen wie zum Beispiel „Experimental Marketing". Daher scheint es mittelfristig sehr unwahrscheinlich, dass Guerilla in Deutschland in einen Märchenschlaf fällt. Guerilla Marketing ist in das Bewusstsein der Marketingfachleute in Unternehmen und Agenturen gerückt. Neben klassischen Kampagnen wird zukünftig auch Guerilla im Marketing-Mix seinen festen Platz behaupten. Zum Massenmedium wird Guerilla nie aufsteigen und eine völlige Übernahme der klassischen Marketing-Bastion ist unsinnig und unwahrscheinlich zugleich. Klassisches Marketing wird immer die „erste Geige" im Marketingkonzert spielen. Guerilla Marketing kann nur ergänzend und flankierend eingesetzt werden, besonders bei den großen Unternehmen. Guerilla wird die Rolle der großen Trommel zuteil, die immer wieder für laute Überraschungen zuständig ist.

In der Ambient Szene sollte die Effizienz an erster Stelle stehen, sprich welche Reichweite, welchen Bekanntheitsgrad und welche spezielle Zielgruppe erreiche ich mit welchem Werbemedium? Neue Ambient-Medien werden immer wieder kreiert und angeboten. Hier wird sich wohl die Spreu vom Weizen trennen und nur die wirklich qualitätsorientierten Anbieter werden langfristig eine Überlebenschance haben.

Die viel versprechende Zukunft von Ambient Medien liegt aber auch im crossmedialen Zusammenspiel von Klassik und Ambient, im Idealfall als kombinierte Kampagne eines Massenmediums mit Ambient Medien. Auch in Verbindung mit Mobile Marketing, Promotions oder Direktmarketing werden Ambient Medien in den nächsten Jahren ihr kreatives Potential voll entfalten.

Ambush Marketing gibt es schon sehr lange. Auch in Zukunft wird Ambush existent sein. Vielleicht wandelt sich aber der historische Kampf „Jurist gegen Marketingpirat“ in einen Kampf „Jurist gegen Jurist“. Auf jeden Fall bleibt die Spielwiese „Trittbrettfahren“ weiterhin spannend.

Virale e-Spots werden immer mehr zu einer effektiven und ernst zu nehmenden Alternative zum guten alten Fernsehspot. Die Macht der persönlichen Empfehlung wird für Kaufentscheidungen immer gewichtiger. Es ist noch mit vielen virusartigen Marketing- und Werbeinfektionen zu rechnen.

Einer sehr großen Herausforderung steht Guerilla Sensation Marketing gegenüber. Die einmaligen, sehr aufmerksamkeitsstarken und medienintensiven Aktionen werden in Zukunft mit der Suche nach immer neueren Ideen konfrontiert werden. Hier sind Guerillas gefragt, immer wieder neue unkonventionelle und überraschende Kampagnen zu basteln. Bleibt zu hoffen, dass die Anzahl der pfiffigen Ideen nicht gegen Null tangiert. Denn jede durchgeführte Aktion kann getrost auf die Insel der verbrauchten Ideen verbannt werden. Und die Insel beherbergt schon sehr viele Ideen! Gehen uns die Ideen aus?

Die meisten Veränderungen wird es wohl in den Bereichen Mobile Marketing und bei den Blogs geben. Gerade haben die Unternehmen erkannt, welche Potenziale in klassischen Weblogs schlummern, da zeichnen sich neue Trends am Horizont ab: Videoblogs, die über bewegte Bilder das Tagesgeschehen kommentieren. Hinsichtlich UMTS und fortschreitender Verbreitung von Breitbandzugängen wird das Handy zur mobilen Fernbedienung des Lebens. Filme schauen, telefonieren, e-Mails verwalten, im Internet surfen, elektronische Geräte steuern, Werbebotschaften empfangen, Termin- und Adressverwaltung etc... Pfiffige Guerillas sollten die Schlachtfelder Mobile Marketing und Blogs gut im Auge behalten.

Die Effektivität und die Faszination des Guerilla Marketing beruht immer auf originellen Ideen. Ideen entstehen in den Köpfen von Marketeers. Bleibt zu hoffen, dass die Verantwortlichen in Marketing und Werbung endlich mehr Mut im Marketing zeigen und Guerilla als Unternehmens- und Marketingphilosophie in den Unternehmen verankern. Die Zeit der Marketinghohepriester, der Luftikusse im Nadelstreifenanzug, die sich in ihren Elfenbeintürmen zu Tode planen und am liebsten auch noch zu Tode „controllen" würden, muss beendet werden. Im Zeitalter von Guerilla braucht man keine Theoretiker und Angeber, sondern Leute, die bereit sind die Ärmel hochzukrempeln und anzupacken. Wir brauchen Enthusiasten und Praktiker, die an der Front kämpfen, den Stein ins Rollen bringen möchten und mutig mehr Entscheidungen aus dem Bauch heraus, mit gesundem Menschenverstand, treffen.

Think Different!

Steckbrief der Autoren

Geburtstag: 15.12.1976
Geburtsort: Altenhundem
Wohnort: Lennestadt-Elspe
Sternzeichen: Schütze

GUERILLA MARKETING PORTAL

Thorsten Schulte
Heidfeldstraße 17
57368 Lennestadt
service@guerilla-marketing-portal.de

Thorsten Schulte ist nach seinem Wirtschaftsstudium heute Marketing Manager in einem mittelständischen Unternehmen im Sauerland und Inhaber des Guerilla Marketing Portals. Er ist Experte für Guerilla Marketing, Fachbuchautor und Veranstalter des deutschen Guerilla Marketing Kongresses.

Geburtstag: 02.05.1967
Geburtsort: Hilden
Wohnort: Köln
Sternzeichen: Stier

KÖLN INSTITUT (KI) AG

Marcus Pradel
Im Mediapark 4c
50670 KÖLN
pradel@koeln-institut.de

Prof. Dr. Marcus Pradel, Studium der Betriebswirtschaftslehre, Promotion zum Dr. rer. oec; Berater und Fachbuchautor; Vorstand der Köln Institut (KI) AG; seit Herbst 2003 Geschäftsführer, Mitbegründer und Dekan für den Studiengang Medienwirtschaft and der Europa Fachhochschule Fresenius – Hochschule für Wirtschaft und Medien in Köln, Fachbuchautor und Veranstalter des deutschen Guerilla Marketing Kongresses.

Guerilla Marketing Wegweiser

Infos zu Guerilla Unternehmen

Der Wegweiser präsentiert interessante Guerilla Marketing Unternehmen und Organisationen in Deutschland.

Die Augenfänger

Michael Böhm
Weizenkamp 14, 45701 Herten-Scherlebeck
Tel: 0700 – 28436-323
blick@augenfaenger.de
www.augenfaenger.de
Guerilla Marketing für KMU´s

diezwei werbeagentur GmbH

kreativagentur für unkonventionelle kommunikation
& guerilla marketing

jägerweg 10, 76532 baden-baden
tel. 0 7 223 3 98 29 11
fax 0 7 223 3 98 29 28
aw.tautz@diezwei-network.de
www.diezwei-network.de

doc brown promotion

Karsten Warrink
Torstr. 195, 10115 Berlin
Tel: 030 – 28884-8530
buzz@doc-brown.biz
www.doc-brown.biz
Buzz & Viral Marketing Spezialist

Fachverband Ambient Media e.V.

Pedro Anacker
Heimweg 7, 20148 Hamburg
Tel: 040 – 4146040
kontakt@f-a-m.net
www.f-a-m.net

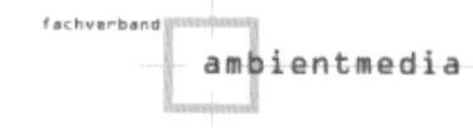

gandke marketing & software gmbh

Internet-Marketing ... Suchmaschinen-Marketing

Bockmühlstraße 4, 41199 Mönchengladbach
fon 0 21 66 – 144 62 65
fax 0 21 66 – 144 62 67
kontakt@gandke.de
www.gandke.de

Guerilla Marketing Portal

Thorsten Schulte
Heidfeldstraße 17, 57368 Lennestadt
Tel: 02721 – 983846
service@guerilla-marketing-portal.de
www.guerilla-marketing-portal.de

Köln Institut AG

Prof. Dr. Marcus Pradel
Maybachstraße 109 a, 50670 Köln
Tel: 02 21 – 97 31 99 0
info@koeln-institut.de
www.koeln-institut.de
Strategische Guerilla Marketing Beratung

Kooperationsagentur Buzz About!

Lukas Dopstadt
Luxemburgerstraße 154, 50937 Köln
Tel: 02 21 – 25 94 99 2
info@buzz-about.de
www.buzz-about.de
Guerilla Marketing Dienstleister

Pizzboxx GmbH

Stefan Kreissel
Laufertorgraben 2, 90489 Nürnberg
Tel: 0911-58687830
deuerling@pizzboxx.com
www.pizzboxx.xom
Werbung auf Pizzakartons

Rat & Tat Marketing

Birgit Schultz
Klothkamp 1, 44575 Castrop-Rauxel
Tel.: 02305 – 973 299
info@rat-und-tat-marketing.de
www.rat-und-tat-marketing.de

Viral & Buzz Marketing Association

Thomas Zorbach
Wöhlertstraße 10 b, 10115 Berlin
Tel: 0 30 – 46 60 26 45
t.zorbach@vm-people.de
www.vm-people.de

wie:kool Guerilla Marketing Solutions

Felix Wiedenmann
wiedenmann@wiekool.de
www.wiekool.de

Lesewiese

Nützliche Literaturhinweise und Webseiten

Wer mehr über einige der Themenfelder in diesem Buch erfahren möchte oder im World Wide Web auf der Suche nach interessanten Webseiten ist, findet hier eine empfehlenswerte Liste von Büchern und Webseiten. Es lohnt sich wirklich, diese Bücher zu lesen oder diese Webseiten zu besuchen.

Empfehlenswerte Bücher:

Abraham, Jay: 1000 Supertipps für Power-Marketing mit kleinem Budget, 1. Auflage 2004

Alphonso, Don; Pahl, Kai: Blogs: Fünfzehn Blogger über Text und Form im Internet und warum sie das Netz übernehmen werden, 1. Auflage 2004

Böhm, Michael: Wie man mit schmalem Budget erfolgreich wirbt, 1. Auflage 2004

Che Guevara, Ernesto: Guerilla Warfare 1961, übersetzte Auflage 1998

Clemens, Tobias: Mobile Marketing, 1. Auflage 2003

Förster, Anja; Kreuz Peter: Marketing Trends, 1. Auflage 2003

Förster, Anja; Kreuz Peter: Different Thinking!, 1. Auflage 2005

Friedrich, Kerstin: Empfehlungsmarketing: Neukunden gewinnen zum Nulltarif, 4. Auflage 2004

Gmeiner, Alois: Das Low-Budget-Werbe- 1 x 1, 2. Auflage 2002

Godin, Seth: Purple Cow: So infizieren Sie Ihre Zielgruppe durch Virales Marketing, Deutsche Auflage 2004

Hans, Norbert: Aufbruch im Mittelstand: Mehr Marktanteile durch strategischen Weitblick, 1. Auflage 2003

Hortz, Frank: Guerilla PR, 1. Auflage 1999

Kenzelmann, Peter: Zukunftstrend Empfehlungsmarketing, 1. Auflage 2005

Kotler, Philip: Marketing Guide: Die wichtigsten Ideen und Konzepte, 1. Auflage 2003

Kotler, Philip: Marketing der Zukunft, 1. Auflage 2003

Langner, Sascha: Virales Marketing: Was Google, GMX und Napster erfolgreich machte, Edition 2003

Levinson, Jay Conrad: Guerilla Marketing: Wirksame Werbung muss nicht teuer sein, 4. Auflage 1999

Levinson, Jay Conrad: Guerilla Werbung. Auflage 1998

Levinson, Jay Conrad: Die 100 besten Guerilla Marketing Ideen. Auflage 2000

Locker, Christopher: Gonzo Marketing: Nur die verrückten überleben, 1. Auflage 2002

Meyer, Anton; Davidson J. Hugh: Offensives Marketing, 1. Auflage 2001

Rieger, Jacqueline: Der Spaßfaktor: Warum Arbeit und Spaß zusammengehören, 2. Auflage 2000

Ries, Al; Trout, Jack: Marketing Warefare, Auflage 1996

Röthlingshöver, Bernd: Werbung mit kleinem Budget, Auflage 2004

Rosen, Emanuel: The Anatomy of Buzz: How to create word of mouth marketing, Paperback Edition 2002

Schmeh, Klaus: David gegen Goliath: 33 überraschende Unternehmenserfolge, 1. Auflage 2004

Schulte, Thorsten; Pradel Marcus: Guerilla Marketing für Unternehmertypen, 1. Auflage 2004

Simon, Hermann: Die Heimlichen Gewinner, 2. Auflage 1998

Trout, Jack; Rivkin Steve: Die Macht des Einfachen: Warum komplexe Konzepte scheitern und einfache Ideen überzeugen, 1. Auflage 1999

Wehleit, Kolja: Leitfaden Ambient Media, Edition 2003

Welling, Monika: Guerilla Marketing in der Marktkommunikation, 1. Auflage 2005,

Empfehlenswerte Webseiten:

http://berndroethlingshoefer.typepad.com
Blog: Marketing mit kleinem Budget

http://www.buzzmarketing.com
Offizielle Webseite von Mark Hughes über Buzz Marketing

http://www.culturebuzz.com
Französische Webseite zum Thema Buzz Marketing

http://www.f-a-m.net
Webseite des Fachverbandes Ambient Media e.V.

http://www.guerilla-marketing-blog.de
Offizieller Blog der deutschen Guerilla Marketing Szene

http://www.guerillamarketingassociation.com
Offizielle Webseite von Jay-Conrad Levinson

http://www.marketing.de
Portal mit gutem Diskussionsforum zum Marketing

http://www.marketing-alternatif.com
Französischer Weblog zu Alternatif Marketing

http://www.marketing-tricks.de
Guerilla Marketing Tricks als CD

http://www.marke-x.de
Internet Marketing Magazin mit vielen kostenlosen Tipps

http://www.roell.net/weblog
Marketing Blog

http://www.site-9.com/blog
Marketing Blog

http://www.vbma.net
Webseite der Viral & Buzz Marketing Association

http://www.viralmeister.com
Blog zum Theme Viral Marketing

http://www.werbeanzeige.de
Online Marketing Magazin von Nico Zorn

http://www.werbeblogger.de
Blog über Marketing, Guerilla Marketing, Viral, Werbung

http://www.womma.com
Webseite der Word of Mouth Marketing Association

http://www.zorno.de
Max Zorno entlarvt die dümmsten Marketingideen

So – nun haben Sie es bald geschafft!

Schreiben Sie spontan IHRE Ideen auf …

Mehr davon …

Noch mehr …

War das schon alles ?

Prima – werden Sie aktiv!